這是概念車。

TOYOTA e-4me

影像提供／豐田汽車公司

▲▼2019 年東京車展發表的單人座自動駕駛車。在自動駕駛模式下，可以利用時間打電動或看電影。車身外觀可以簡單的自由變換。

自動駕駛車的現況

自動駕駛車目前正在逐步上路，各項自駕測試持續追求百分之百的安全性。同時汽車製造商已經開始進行新一代自動駕駛車的開發。

TOYOTA e-Care

影像提供／豐田汽車公司

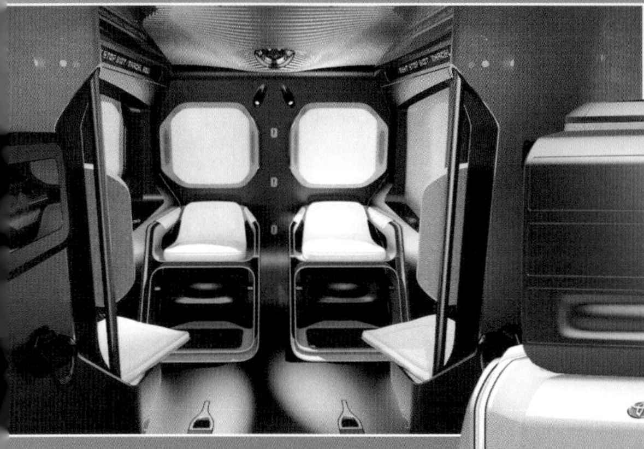

▲▶利用車內感應器檢查身體各項健康指數，傳送到醫院的電子病歷上，即可一邊開車前往醫院，一邊透過螢幕與醫師對話。

這是概念車。

逐漸成真的科幻世界

機器人理所當然的出現在我們的日常生活中、VR虛擬實境的影像猶如實景般逼真、電腦擁有過人的運算能力，這些不久之前還只是夢想的科技，如今已經逐步成真。

高性能機器人

T-HR3

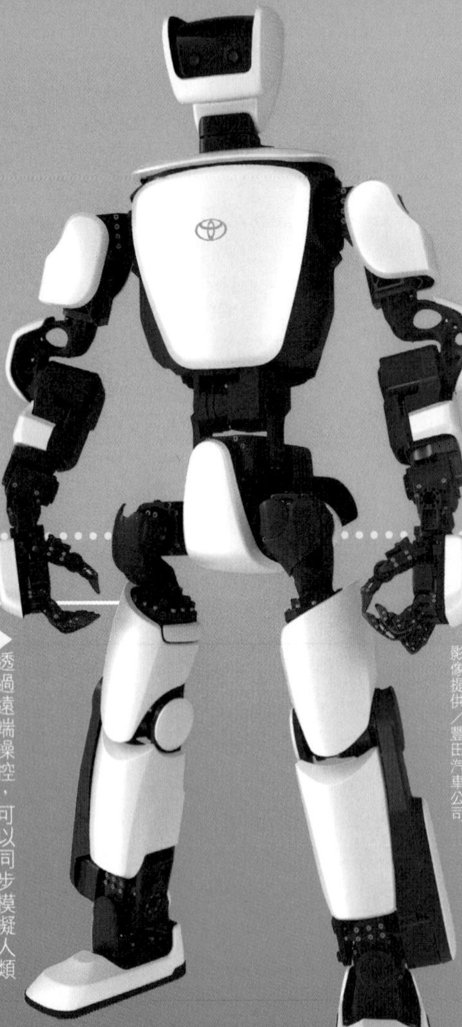

▶透過遠端操控，可以同步模擬人類動作的雙腳步行機器人。使用5G連線的話，在直線距離十公里外的地方也能夠順利操控。

影像提供／豐田汽車公司

▼機器巡邏犬可以在家中巡邏，確認是否有異常狀況。能夠辨識、找出登錄過的人。

aibo 的巡邏犬

影像提供／索尼（股）公司

HOSPI Signage

▶醫療支援機器人「HOSPI」的新型機。機身是顯示幕，可當作移動式廣告招牌使用。

影像提供／PANASONIC（股）公司

ALSOK空拍機

▲可從空中拍攝面積廣大的設施，或是難以靠近的受災地區。

影像提供／ALSOK

VR（虛擬實境）Virtual Reality

VR技術因為畫質與處理速度提升，真實性逐漸增加。現在不僅應用在娛樂上，也成為各類領域的模擬工具。

TOYOTA e-RACER

▶▼使用專用的數位玻璃，可將喜歡的行駛場景以AR技術與現實世界結合。座椅配件亦可客製化。

這是概念車。

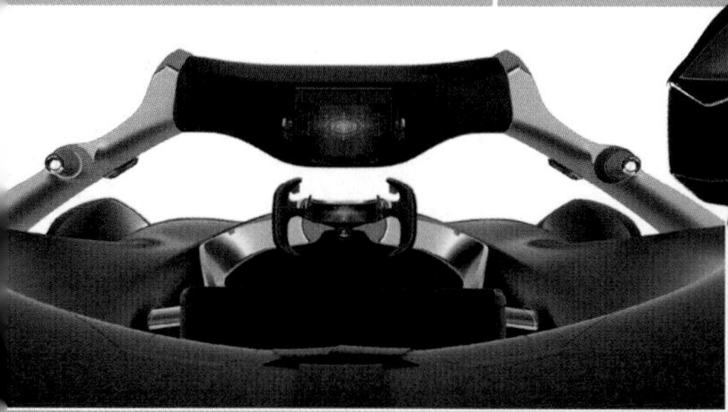

影像提供／豐田汽車公司

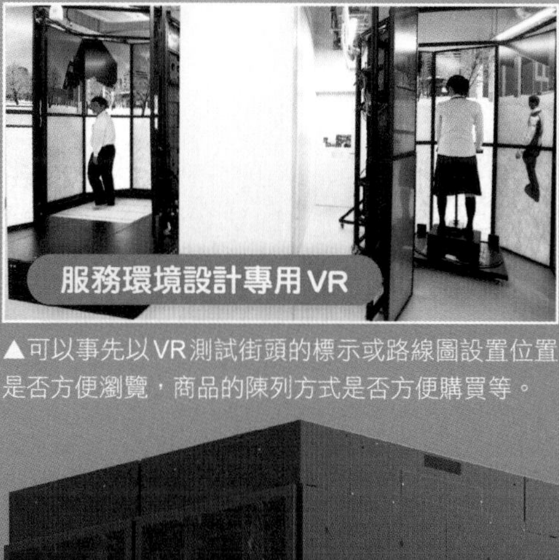

影像提供／產業技術綜合研究所

▲可以事先以VR測試街頭的標示或路線圖設置位置是否方便瀏覽，商品的陳列方式是否方便購買等。

◀機械手臂操控的模擬裝置，使用於ISS國際太空站。

影像提供／NASA

超級電腦

超級電腦「富岳」

◀預定在2021年左右正式啟用的超級電腦「富岳」。期待它能夠進行地震損害預測、大數據分析、新藥品開發等。

影像提供／富士通（股）公司

製造未來的能源！

為了防止資源耗竭與地球暖化，可再生能源的普及成為重大課題。本書將告訴各位目前在技術上有可能實現的最先進發電技術。

影像提供／ JAXA　※照片是電腦繪圖概念圖。

太空太陽能發電

太陽能發電最怕碰到多雲的天氣和夜晚。只要把太陽能板設置在太空中，就能夠解決這個問題了。製造出來的電力則用微波傳送到地球。

洋流發電

影像提供／ IHI、NEDO

▶利用洋流的動能轉動扇葉發電的系統，發電機設置在水裡。

波浪能發電

▼利用波浪的上下起伏力量來發電的系統。據說單位面積的發電效能比太陽能發電、風力發電更高。

影像提供／ Wave Energy Technology

離岸風力發電

◀海上比陸地上的風力更強，因此將風力發電機設置在海上，提高風力發電的發電效能。

影像提供／ NEDO

哆啦A夢科學任意門

DORAEMON SCIENCE WORLD

未來生活夢想號

哆啦A夢科學任意門

未來生活夢想號

目錄

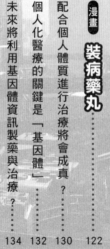

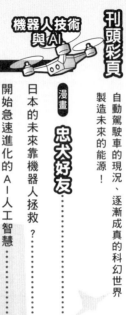

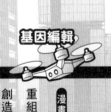

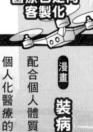

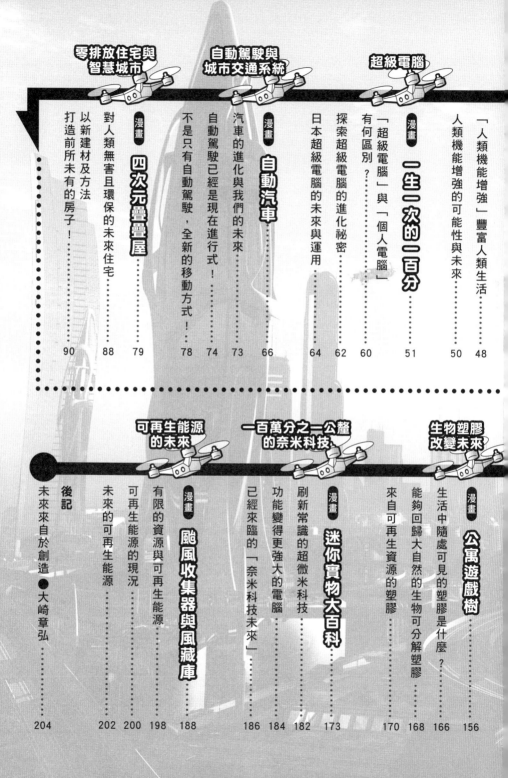

關於這本書

會撰寫本書是希望各位在閱讀漫畫的同時，也能夠愉快學習最新的科學知識。

漫畫所畫的哆啦Ａ夢世界與神祕道具，在後面都會站在科學的角度深入說明。在本書《未來生活夢想號》中，除了介紹機器人技術與ＡＩ人工智慧、未來的交通工具、住宅、農業、醫療、能源等與生活相關的現代最先進科學技術之外，也簡單明瞭的告訴各位我們將來會過著什麼樣的生活。

哆啦Ａ夢是來自二一一二年的未來世界，為了幫助大雄，才會搭著時光機來到這裡。哆啦Ａ夢所誕生的未來很和平，科學幫助民眾過著幸福的生活。

期望我們的未來也能像哆啦Ａ夢生活的未來那樣和平，我們必須讓科技變得有幫助。希望各位在閱讀本書的同時，也能夠想像和平的未來生活。而創造那個和平未來的，正是在閱讀本書的你們。

它自己會開。
完成了！
我們的城鎮……不，我們的國家完成了！
萬歲！萬歲！
ギャーッ
※吼

忠犬好友

PERA PERA PERA PERA
※ 嘰哩呱啦
結果啊……機器怪獸被機器超人的快速左勾拳擊中……
等等！不好意思，我不太看那些節目。
那妳知道pin.ko.pan出了新的單曲嗎？歌名叫做「丘比娃娃和阿普普」。

我爸買了可以放大一萬倍的顯微鏡給我。
連黴菌和花粉都看得一清二楚呢！
連浮游生物也看得清楚嗎？
當然囉！
哼！
可惡!!
※咚
你給我站著別動。
※鏘
又被欺負了嗎？
哦……
可是仔細想想，好像是你自己的錯耶。

未來生活夢想號Q&A

Q 最新的雙腳步行機器人能夠做到哪件事？①跳過二十層跳箱 ②後空翻 ③發射破壞光波

我的錯？
你這話是什麼意思？
講明白點呢……就是你太幼稚了。
所以怪不了別人。
你真的很無情耶……
話不是這麼說的吧！
如果是朋友的話……
我哭，就會陪著我一起哭……
我生氣，就會比我還生氣才對啊……
而且只相信我，也只為我著想，
真想有個那樣的朋友。
想要就給你吧！
機器狗「忠犬好友」。
不用任何理由，它就會當你一輩子最忠實的朋友。

A ② 後空翻。美國波士頓動力公司的雙腳步行機器人阿特拉斯（Atlas）能夠快速奔跑、跳過高低差，還能後空翻。

現在我把它面向你，打開開關。
按下
汪！
汪汪！汪汪！
可是啊……我覺得這樣做好像對你沒有好處。
我看你還是省下睡午覺的時間，用功一點，或者是多看一點書，提升自己的素養比較重要……
我實在不想再聽你說教說個不停。
嗚～
汪汪！汪汪！
汪嗚
因為我覺得他吵，所以你幫我把他趕出去嗎？
好乖。
嗚嗯～

未來生活夢想號Q&A

Q 機器人的英文「robot」語源出自捷克語「robota」。這個字的意思是何者？①勞動 ②戰鬥 ③正義

A ①勞動。機器人（robot）這個詞出現在作家卡雷爾・恰佩克（Karel Čapek）一九二年的作品中，當作（強制）勞動的意思。

未來生活夢想號Q&A

Q AI首次贏過人類西洋棋世界冠軍是在何時？①一九七七年 ②一九八七年 ③一九九七年

A ③一九九七年。IBM的「深藍」電腦首次贏過當時的世界冠軍卡斯巴羅夫（Kasparov）。

你如果取笑我，就會有不好的事發生喔！
嗚汪○○○○○○
我在抓浮游生物啦！
然後帶回去用顯微鏡觀察嗎？
※跑走
聽說可以放大一萬倍！
好想看喔！
我的顯微鏡！
怎麼會在這裡？
你啊，
可以看穿我的心意是很好啦……
可是也太多管閒事了吧。
看來它是聽不懂我說的話。

未來生活夢想號Q&A

Q 聽說有AI會吟詠俳句，這是真的嗎？

A 真的。那是北海道大學川村秀憲教授領銜開發的「一茶君」，未來或許甚至能夠寫出感動人心的名作。

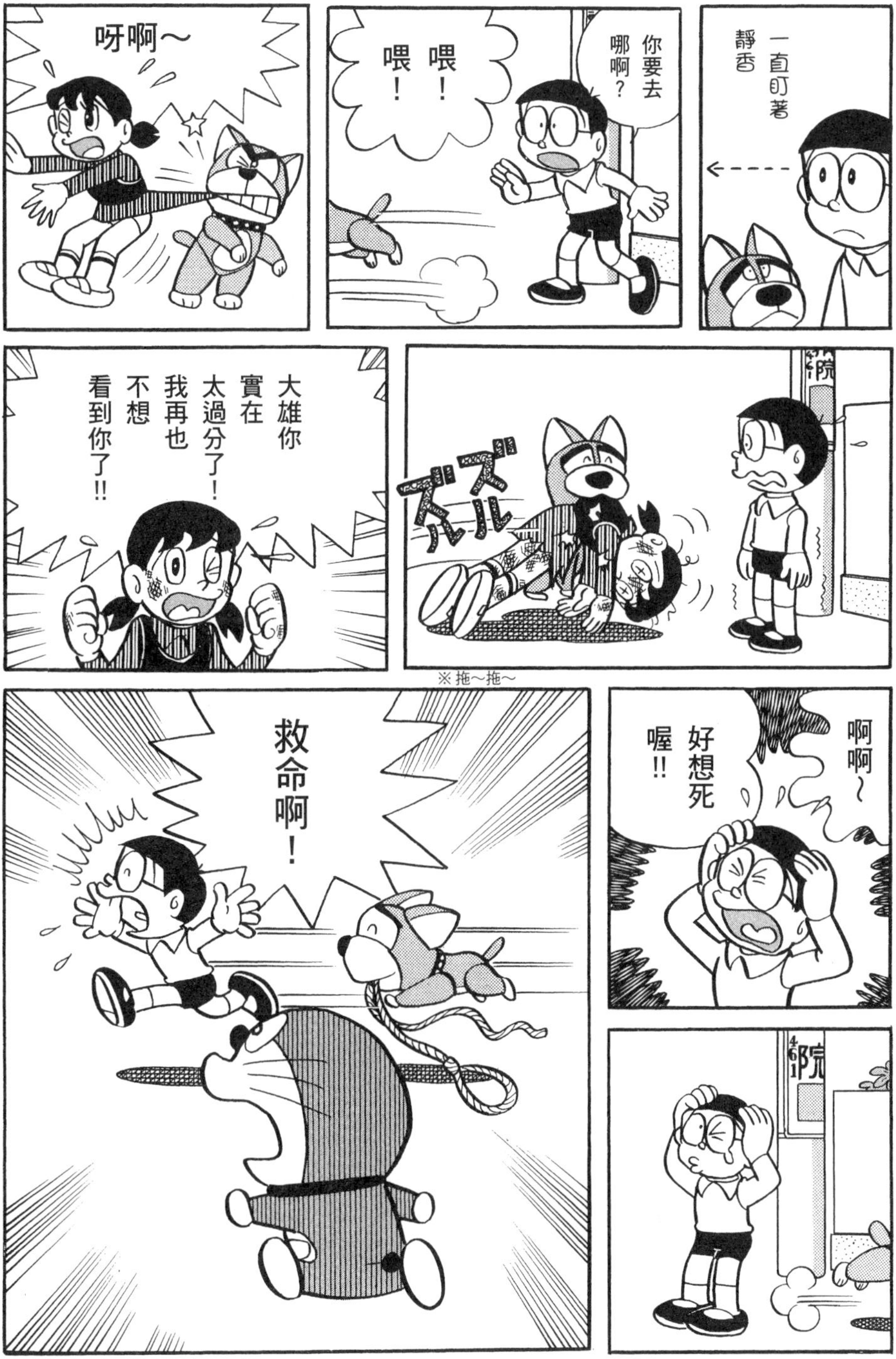
一直盯著靜香
你要去哪啊？
喂！喂！
呀啊～
院
ズルズル
※拖～拖～
大雄你實在太過分了！我再也不想看到你了!!
啊啊～好想死喔!!
救命啊！

日本的未來靠機器人拯救？

日本是世界數一數二的機器人大國！

◀日本值得向世界誇耀的產業機器人。

根據日本機器人工業界的報導，日本的產業機器人產量已達二十四萬三百三十九臺，接到的訂單金額高達九千六百二十四億日圓（約新臺幣兩千六百八十七億元。二〇一八年一至十二月的資料）。這數字足以與美國、中國等一同列居世界前幾名。日本是數一數二的機器人大國，高度的技術實力也受到世界各國認同。

日本現在正在更進一步提升這方面的技能，試圖擴大市場佔有率，同時也開始將機器人的用途拓展到製造業以外的領域。日本想用機器人解決一直以來面臨的許多問題。

整合各領域最新技術的機器人！

想要拓展機器人能夠活躍的舞台，技術必須更加進步。藉由整合各個領域的最新技術，打造作業更精準的機械手臂、具有高度辨識能力的感應器、能力更強的AI人工智慧等，使機器人繼續進化。

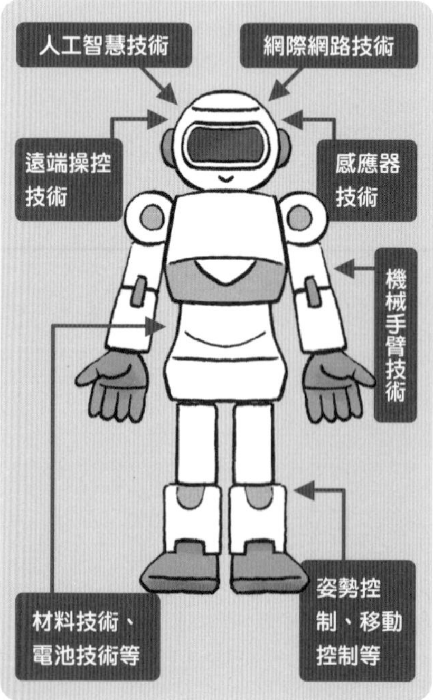
人工智慧技術
網際網路技術
遠端操控技術
感應器技術
機械手臂技術
材料技術、電池技術等
姿勢控制、移動控制等

插圖／佐藤諭

能夠解決日本問題的「機器人新策略」是什麼？

插圖／佐藤諭

日本面臨少子化與高齡化問題。出生率下降，高齡者佔總人口比例逐年增加，預估到了二〇三〇年，高齡者將來到總人口數的三分之一。勞動人口減少，而高齡者相對大增，促使國家整體賺錢的能力下降，醫療照護方面的負擔卻變大，這是日本面臨的重大問題。因此日本政府在二〇一五年提出「機器人新戰略」，旨在藉此解決問題。計畫內容是讓利用機器人的新事業提高獲利，同時以機器人補足匱乏的勞動力。除了底下舉出的四個例子之外，在大眾交通運輸、宅配、智能屋等與各位生活息息相關的部分，也正在考慮推動機器人化與自動化。

醫療照護

導入電子病歷表、小幫手機器人、手術機器人，使醫院全面自動化。目的在於消除醫療現場的勞動力不足。

農業協助

農民的高齡化是嚴重的問題。無人曳引機等農業機器人普及的話，就能夠減少體力勞動負擔，也可應付規模較大的農業。

服務業

餐飲店的點餐與付款已經自動化，今後或許將由機器人做菜、上菜？

災害應對

發生大型災害時，確認受災狀況的過程伴隨著危險，因此在現場調查與救人方面，也越來越常派遣機器人前往處理。

插圖／佐藤諭

開始急速進化的ＡＩ人工智慧

早期的ＡＩ在現實社會是派不上用場的東西？

一九五〇年代，因為夢想電腦能夠像人類一樣思考，科學家著手開發ＡＩ人工智慧，不久就完成能夠走迷宮、下西洋棋的ＡＩ，但是能力仍比不上人類。到了一九八〇年代開發出醫療診斷用的ＡＩ，不過必須事先輸入症狀等數據，否則無法做出回應，在實際醫療現場根本派不上用場。但是在二〇〇〇年代中期確立了「深度學習」的學習法，於是二〇一五年打造出能勝過人類圍棋冠軍的ＡＩ——「Alpha Go」。ＡＩ的能力大幅提升。

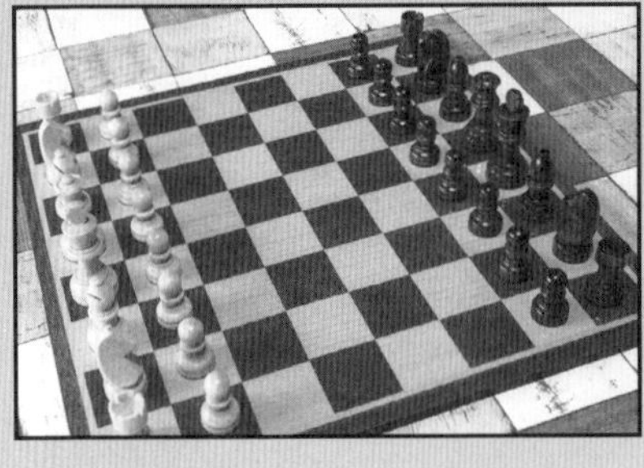
◀早期的ＡＩ頂多能夠下下西洋棋。

促使ＡＩ大幅發展的「深度學習」技術

人腦充滿了無數的神經細胞（神經元）。人類能夠看見、聽見、感覺到的所有東西，刺激輸入腦中的神經元之後，神經元彼此的連結就會變強或變弱，藉此學習。而模仿人類神經元幫助機械學習的方法，就稱為「人工神經網路」。如上圖所示，輸入層取得的資訊在隱藏層進行分析，到輸出層得到答案。而ＡＩ的學習方式「深度學習」就是將這當中的隱藏層設置許多層，提高分析的精準度。

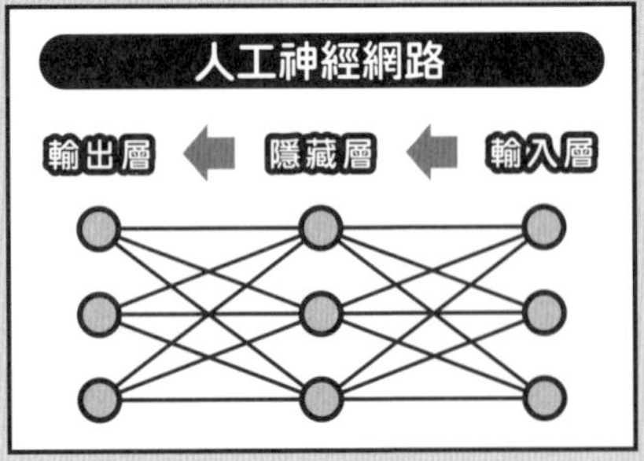

AI利用深度學習的學習方式

▶AI分析圖片的特徵，分類出狗與貓。如果判斷錯誤就會提出來檢討，並且反覆這些動作，提高精準度。

▲將大量狗、貓圖片輸入AI。下令要求它進行分類。

插圖／佐藤諭

特別專欄

2045年真的會出現科技奇點嗎？

「科技奇點」是美國人工智慧研究者雷蒙德．庫茲威爾(Raymond Kurzweil)於2005年對未來發表的預測。根據這項主張可知，2045年將會出現超越人腦的AI。像現代這樣，社會上所有系統都仰賴AI，如果出現超越人類的AI該怎麼辦？也有人擔心人類會像電影《魔鬼終結者》、《駭客任務》那樣，被AI控制。

但是，認為透過深度學習等學習法的AI很難超越人類的研究學者仍是多數派，總而言之，這個問題目前還不需要過度擔心。

如上圖，首先把數量龐大的貓狗圖片輸入AI。AI在有好幾層的隱藏層進行眼、耳、鼻、皮毛等的分析，分類出狗與貓。當然也有可能出錯，不過在經過多次重新分析之後，就能夠逐漸提升精確度。現在的AI透過深度學習，在西洋棋與將棋上已經聰明到人類贏不了的程度，在現實社會中也能夠提供幫助。但是，這樣的大幅進步也只是分析大量數據所得到的結果，AI還無法做到「像人類那樣思考」。

機器人與AI在不久之後的發展

十年後，人類的工作有一半以上均需仰賴機器人與AI？

技術更加進步的話，機器人和AI一定會比現在更普及於社會上。據說十年後，AI或搭載AI的高性能機器人，將會分攤半數以上人類的工作。AI擅長正確處理大量具有既定規則的工作。另外，不會疲勞的機器人很適合長時間勞動、重體力勞動作業，以及精密作業。相反的，AI沒有自主意識，所以並不適合與人有關、需要靈感的工作。人類與AI在各自擅長的領域發揮能力，才是重點。

◀在不久的將來，工作人員有一半或許會變成機器人？

插圖／佐藤諭

已經在社會上工作的機器人

▲ALSOK 空拍機

飛過廣大場域或是前往人類從地面上難以靠近的場所上空，協助拍攝該場域的狀況。

◀Pepper

世界上第一個具備情緒表達功能、讓人感到親切的溝通型個人化機器人，可透過聲音或胸前的平板電腦互動，搭載臉部辨識與情緒識別等多重感應功能，身高一百二十一公分，適用於家庭、商業設施或辦公室等各種場所。

◀HOSPI

醫療幫手機器人，在醫院裡幫忙送藥。

▶aibo 巡邏犬

有aibo陪在身邊就感到安心，還能夠幫忙巡邏家裡或找人。

影像提供／ALSOK、PANASONIC（股）公司、索尼（股）公司、SoftBank Robotics

巨大的立體螢幕

※閃亮
如何？四十八吋的大電視，
看起來像電影院的大螢幕吧！
嗯……
外面沒有在賣喔！松上電機的社長是爸爸的朋友，所以特地製造送給我們的。
只要看過這個，再去看一般的電視的話，
感覺就像玩具，哇哈哈……
竟敢說我家的電視像玩具！
拜託哆啦A夢，應該可以拿出一百吋的電視吧？
不……這樣不好啦。
一天到晚和小夫計較的話，
會沒完沒了啦。

未來生活夢想號Q&A

Q 從4G轉換成5G時，只需要使用者更換智慧型手機等行動裝置即可。這是真的嗎？

A 錯誤。不只要更換行動裝置，傳送訊號的基地台天線也必須換成可支援5G。

未來生活夢想號Q&A

Q 5G行動通訊系統傳輸數據的速度是第一代行動通訊系統約幾倍？①一萬 ②一百萬 ③一億

A ③約一億倍。5G的數據傳輸量是無法傳送聲音的類比式第一代行動通訊系統（1G）難以想像。

※砰咚

快點！快點！
ズル
※滑落
ドタ
※砰咚
呀啊！會被踩扁！
救命啊！
一閃
畫面切換了。
趁現在快過來。
我去叫靜香來看。

未來生活夢想號Q&A

Q 聽說有文具運用IoT技術。這是真的嗎？

A 真的。代表性的IoT文具是KOKUYO開發的「打氣作業筆」。一寫字，LED和APP就會做出反應。

有超大型立體電視喔，
小夫那台根本不夠看。
什麼？
這是真的嗎？
打錯號碼了。
真笨，怎麼這麼糊塗啊！
說得好像很了不起的樣子…
竟然說我家那台不夠看！
我最討厭說謊的人。
我沒有說謊啊！
不能原諒!!
把那台電視借我，就原諒你。
我們來看「有趣的動物世界」！
好啊！

未來生活夢想號Q&A

Q 聽說工地可利用5G和IoT技術操控無人的重型機具進行作業。這是真的嗎？

A 真的。利用高性能感應器和延遲少的影像技術，即使要求精準度的作業也能夠遠距離準確操控重型機具進行。

行動通訊系統進入第五代

二〇二〇年，次世代行動通訊系統「5G」開始啟用！

最近經常聽到「5G」這個詞，這是「5th Generation」的縮寫，意思是「第五代行動通訊系統」。一般民眾使用的行動通訊，始於一九八〇年代問世的車用電話（包括類比式行動電話在內，這些稱為第一代行動通訊系統，也就是1G）。後來行動通訊系統持續一代接著一代進化（請參考下表），目前已經發展出第五代技術。台灣在二〇二〇年也開始在一般民眾間推廣使用。速度與傳輸量都遠遠超越第四代的5G系統，今後將會大幅改變我們的社會與經濟活動，可期待我們的生活將會變得更加便利。

行動通訊系統的演化史

1G	2G	3G	4G	5G
普及於1980年代。類比式。	普及於1990年代。最大傳輸速率約100kbps。	普及於2000年代。傳輸速率為10～20Mbps。	普及於2010年代。傳輸速率為50Mbps～1Gbps。	普及於2020年代。傳輸速率為1Gbps～50Gbps。

車用電話與最早的行動電話都屬於這個系統。採用類比式訊號傳輸，無法傳送數據資料，只能用來講電話。	傳輸方式從類比改為數位傳輸之後，就能傳送電子郵件。各個企業也開始提供行動通訊服務。	國際標準規格制定完成，在國外也可以使用。傳輸速度大幅的提升，行動電話急速普及。	智慧型手機取代傳統手機成為了主流。用手機看影片、打手遊等娛樂方式也更加多樣化。	可以提供驚人的傳輸速度。不僅是對日常生活，也期待能夠對社會及經濟的提升有所助益。

插圖／佐藤諭

5G如何改變網際網路環境？

5G的特徵不只是傳輸速度超快、傳輸量超大，據說還能做到「可連接超多裝置」以及「超低延遲」。有了這些能力，網路環境具體而言會如何改變呢？我們來預測看看。

●達成超快速、超大傳輸量！

5G系統一旦普及，行動通訊的速度將會是過去的二十倍以上，傳輸量也會更大。觀賞4K或8K等高畫質影像也無須擔心載入時間過久，毫無壓力。運動賽事轉播時，每位觀眾可自行從安裝在運動場上的諸多攝影機挑選想看的角度觀看。多架攝影機拍到的畫面經過資料處理之後，還能夠從沒有設置攝影機的角度，看到影像，可以享受身歷其境的臨場感。

插圖／佐藤諭

●超大流量也能應付！

插圖／佐藤諭

之前遇到天災，或是待在人潮大量聚集的活動會場四周，就會因為上網流量超載，導致大家都連不上網路。採用5G系統的話，連線能力將會是過去的大約十倍，也就用不著擔心「緊急時刻連不上網路」的情況發生。

●超低延遲帶來高度信賴！

插圖／佐藤諭

在行動通訊上，傳送與接收之間多少都會有時間差（傳輸延遲）。以4G系統來說，這樣的傳輸延遲大約是百分之一秒。儘管延遲的時間非常的短，不過在今後即將普及的自動駕駛車等要求高度安全的應用領域裡，這樣的延遲時間還是太長。而5G系統的延遲時間已經縮短到千分之一秒。

網路也增加了「物品」的串連

所有「物品」都利用網路連接的「IoT」

近幾年來，與5G行動通訊系統同樣受到世人矚目的新科技就是「IoT（Internet of Things）」，其意思就是「物聯網」。原本可連上網路的只限於個人電腦或智慧型手機等IT資訊科技裝置，然而這項技術讓更多東西能夠連上網路，也讓這個世界變得更方便。人類、動物、家具、家電產品、汽車、機器人等等，所有東西都能裝上感應器監控狀態，並且將這些數據連上網路，這麼一來就能夠透過網路分享、分析物品的資訊或遠距操控。

插圖／佐藤諭

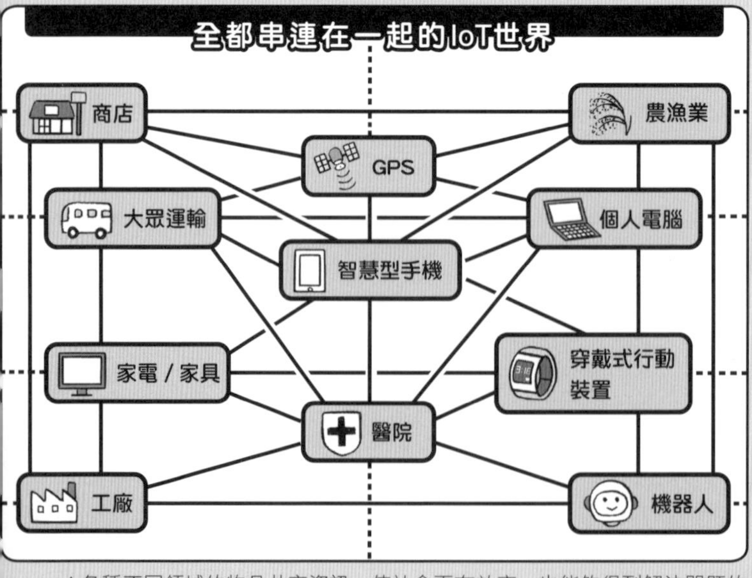
全都串連在一起的IoT世界
商店
農漁業
GPS
大眾運輸
個人電腦
智慧型手機
家電／家具
穿戴式行動裝置
醫院
工廠
機器人

▲各種不同領域的物品共享資訊，使社會更有效率，也能夠得到解決問題的方法。

插圖／佐藤諭

插圖／佐藤諭

IoT的普及使我們的生活產生什麼變化？

在外頭可以操控自己家裡的電燈和冷氣機，或是利用智慧手錶等穿戴式行動裝置（穿戴在身上使用的裝置）監看自己的心跳與運動量，幫助健康管理，這些都已經是我們身邊隨處可見的IoT。今後，IoT更加普及，我們的生活將會如何改變呢？舉例來說，穿戴式行動裝置與醫療機構連線的話，就能夠將每日的身體狀況與變化記錄在電子病歷表上，診療就能更有效率。即使無須特地為了小毛病上醫院，也能夠透過網路在自己家裡接受診斷。這樣的系統對於住家附近沒有醫院的人來說，尤其值得期待。另一方面，只要把行動裝置連線到健身房，就能夠輕鬆獲得訓練或減重的建議。

至於應用在家具和家電產品的IoT，有同樣能夠協助管理身體健康的床和沙發，以及能夠根據庫存建議菜單的冰箱。大眾交通工具的IoT則有自動駕駛車，以及可即時了解行駛狀況的時刻表等。

▶智慧手錶是生活中相當普及的IoT。

IoT也存在必須解決的問題！

IoT使我們的生活更便利，但是為了將IoT導入所有領域，技術必須更加進步。另外，導入IoT的前期成本很高，還必須保護個人資訊不被駭客入侵，諸如此類有待解決的問題仍然很多。

插圖／佐藤諭

5G+AI+IoT的新技術

欲提高IoT的能力，少不了5G和高性能AI！

IoT必須具備三個要素才能夠成立。首先是產品的狀況要能夠監看，其次是數據資料要能夠連上網路傳送，最後是產品可透過網路操控，或能夠分析數據資料解決問題。為了提高這些功能的精準度，少不了5G行動通訊系統與高性能AI等最新技術。接下來將介紹在保全安檢上簡單好懂的例子。

目前在保全安檢上正在積極導入的技術是「臉部辨識系統」。此系統可從大量人群之中找出特定人物的臉，希望能夠用於活動會場的安檢，及早揪出嫌犯。若要這套臉部辨識系統發揮作用，必須提高分析影像的畫質，而且也必須從多支監視器與保全人員配戴的可錄影眼鏡（這也是一種穿戴式行動裝置）拍攝到的大量臉部畫面資訊中，快速且準確的鎖定特定人物。各位應該明白這需要5G行動通訊系統與高性能AI，否則無法做到。

另外，在醫療領域方面，如果利用5G行動通訊系統的高畫質、低延遲特性與醫療機器人連線，醫生或許就能夠遠距離替病患動手術。

插圖／佐藤諭

◀從大批人群中找出長相特徵的「臉部辨識系統」。

◀遠距離手術一旦得以實現，就能夠減少移動病患的風險。

插圖／佐藤諭

緊接著資訊社會而來的全新超智慧社會「Society 5.0」

除了十七頁介紹的「機器人新策略」之外，日本政府還打算利用新技術解決各式各樣的問題，打造出稱為「Society 5.0」的超智慧社會。這是緊接在狩獵社會、農耕社會、工業社會、資訊社會之後的第五代社會體系。超智慧社會主要是利用IoT把我們生活的現實空間（實體空間）與網路上的虛擬空間（網路空間）融合而成。將在現實世界中監看的各種數據收集在虛擬空間裡共享，再將這些龐大的數據資訊（稱為大數據）透過AI分析，找出能夠解決個人或社會問題的答案。然後將它廣泛運用於機器人與自動駕駛車等機器上，藉此消除少子化與高齡化所造成的勞動力短缺、城鄉差距、貧富差距等問題。

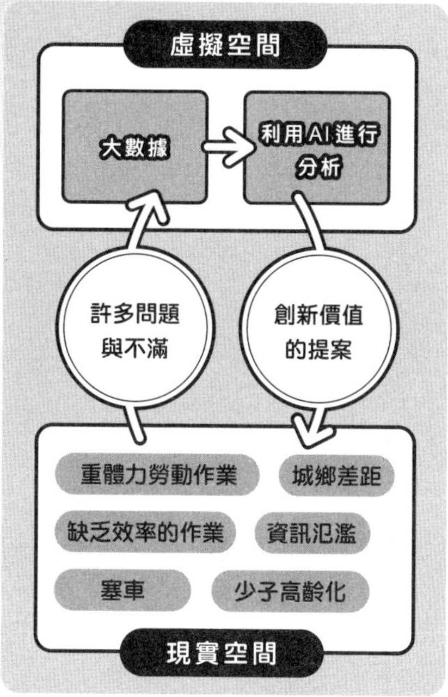
虛擬空間
大數據
利用AI進行分析
許多問題與不滿
創新價值的提案
重體力勞動作業
城鄉差距
缺乏效率的作業
資訊氾濫
塞車
少子高齡化
現實空間

Society 5.0如果得以實現的話，人類就能夠擺脫繁瑣單調的工作，並因此有更多時間從事有意義的工作或嗜好。也應該能夠降低住在非都市地區的不便，而且人人都能夠取得高品質的資訊。

插圖／佐藤諭

▲導入無人機和自動駕駛車，減少鄉下地區物流與交通不便的問題。

▲工廠由AI負責操控機械，配合市場動向整合出最適切的生產機制。

▲透過知識與資訊的共享，能夠輕鬆取得有益的資訊。

ザー
ザザー
ザザー
※嘩～嘩～
我已經待夠海邊，換個地方吧！
好啊。
去哪裡好呢？
哪裡都可以，不過……
我想去特別點的地方。

温泉旅行
非洲叢林。
哇啊！好有趣喔!!
※喀喳

未來生活夢想號Q&A

Q 聽說有可以改變味覺的假想現實研究？①錯誤 ②正確 ③不清楚

A ②正確。同樣的果汁，如果看到黃色就是檸檬味，紅色就是草莓味……這項研究是利用色彩變化製造味覺錯覺。

你別想岔開話題。
我知道啦！妳是說起碼過年時，應該要全家人一起去泡個溫泉……
可是妳看嘛！過年的時候，不管是路上還是飯店到處都是人，人擠人很累的耶……
偶爾這樣也不錯啊！
爸爸好像很困擾。
我們幫幫他吧！
這裡面應該有溫泉旅館的影片。
喀嚓
太棒了！太棒了！
我立刻去泡泡看！
你真是笨耶！
ズシン

※滑倒

這是「室內旅行機」放映出來的立體電影！
雖然看起來是溫泉，
但實際上這裡還是你的房間。
原來如此。
只能用眼睛看的溫泉，一點用處也沒有。
只要把這個機器移到浴室去就好了。
對喔！
這樣一來，就可以感受氣氛了。
還有很多台機器…
走廊還有其他房間也放置這個機器吧！
讓家裡變成大飯店。
哎呀，我沒有說不想去啦！
我也很想帶大家去溫泉旅行啊！
但是這個時候才預約，不知道還有沒有空房……
拍拍！
我們已經到達溫泉旅館囉！

未來生活夢想號Q&A

Q 持續體驗假想現實，就會弄不清現實與非現實？①錯誤 ②正確 ③不清楚

A ③不清楚。有人提出假想現實體驗過度時的負面影響，但是否真的如此仍在研究中。

未來生活夢想號Q&A

Q 只要加上某條件，「時間旅行」就有可能成真？①錯誤 ②正確 ③不清楚

A

②正確。能夠感覺回到記憶中的世界，或將過去與現實轉換的「替代現實（SR）」研究正在進行中。

雖然身體不能隨便亂動，有點不自由……
但還是有大浴池的氣氛。
泡完溫泉好舒服喔！
接下來，就是期待好吃的料理。
那就有點為難了。
這又不是真正的旅館。
對喔。
可是自己做飯就會破壞旅行的氣氛了。
是啊。
打電話叫外送炸蝦蓋飯吧！
也順便拿啤酒和果汁過來吧！

有人在家嗎？
辛苦你了。
不會吧!?
大致上都不錯啦……如果可以再……
可以再怎樣呢？
如果可以再熱鬧一點，就更好了！總覺得好像有點太安靜了。
那麼……
啪嚓
ドヤ
ドヤ

※咚咚、咚咚

未來生活夢想號Q&A

Q 有方法能夠不透過飛機或船隻運送「物品」？①錯誤 ②正確 ③不清楚

走錯房間，真不好意思。
我播放了團體客人的影片。
氣氛更好了。
路邊一棵榕樹下～～
隔壁間的宴會開始了。
這樣好有氣氛喔。
請您支付住宿的費用。
感覺越來越像真的了耶！
咦？真的要付錢嗎？
你不是電影裡的人物嗎？
我們兩人平分吧！
喂，快點把錢還我！

A ②正確。只要使用3D列印機，就有可能把十分相似的物品「傳送」到遠方。

VR是什麼？AR又是什麼？

把非現實變成現實的VR（虛擬實境）

VR是「Virtual Reality」的縮寫，在台灣稱為「虛擬實境」。藉由這項技術，使用者可以感覺到自己彷彿置身在螢幕的景色之中。

現代VR裝置的起源，可以說是來自距今約一百年前發明的飛行模擬器「林克訓練器」。初學者無須駕駛真正的飛機，就能夠安全進行訓練，這可說是劃時代的發明。

一九六〇年代問世的「Sensorama」，是為了娛樂用途而開發的VR裝置，坐在椅子上看著螢幕，就能夠體驗3D影像，搭配會散發氣味的裝置、椅子振動裝置、送風裝置等，讓你不禁懷疑自己是真的置身在螢幕放映的景色中。近年來因為影像處理器、螢幕與感應器技術的提升，使用者因此能夠體驗到更接近現實的虛擬實境。

插圖／杉山真理

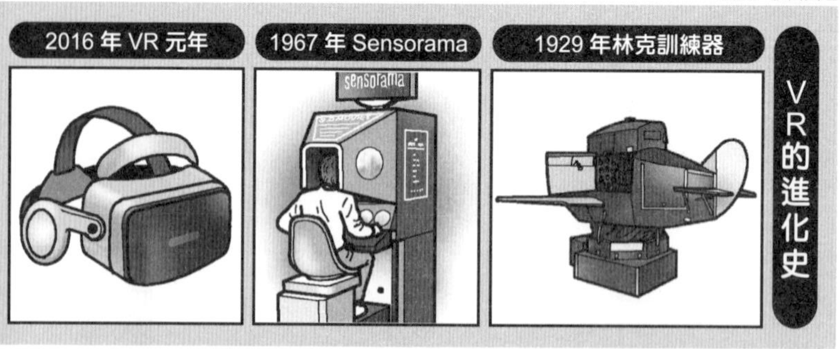
VR的進化史
1929年林克訓練器
1967年 Sensorama
sensorama
2016年 VR 元年

對於VR的進步有推波助瀾之效的其中一項就是電玩遊戲機器。尤其是在稱為「VR元年」的二〇一六年，各家廠商紛紛推出電玩專用的VR頭戴式顯示器，使得許多人能夠輕鬆體驗VR樂趣。

電玩遊戲一開始使用的VR技術也帶來實用型VR裝置的普及。

VR最具代表性的核心影像裝置，就是頭戴式顯示器（HMD）。在一九六八年，伊凡．蘇澤蘭（Ivan Edward Sutherland）博士首次在世界上發表這款

攝影／淺野剛
協助／日本產業技術綜合研究所人類機能增強研究中心

▲即使是一戴上HMD就很容易對VR虛擬實境感到頭暈的人，也能夠不穿戴任何裝置，以自然的狀態體驗VR（可參考刊頭彩頁）。

HMD顯示器，能夠配合步行、搖頭的動作改變HMD的影像。現在低價位的HMD與智慧型手機使用的VR裝置，也可以讓多人同時在影像中活動，或接觸螢幕顯示的物體。

另一方面，也有人在研究不使用HMD的裝置。日本產業技術綜合研究所開發中的VR裝置是採用環繞螢幕，將地面打造成跑步機那樣能夠走往任何方向，走到哪裡，街景就會配合著改變，能夠體驗在真實街道上行走的感覺。

在現實世界交疊「非現實」的AR（擴增實境）

近年來與VR同樣經常聽到的就是「AR」。AR是「Augmented Reality」的縮寫，在台灣則翻譯為「擴增實境」。

使用AR技術就能夠把利用CG（電腦繪圖）等製作的數位資料補充到現實世界中。最具代表性的例子就是利用定位資訊（GPS）的智慧型手機遊戲應用程式。代表性的應用是一個知名的手遊，使用智慧型手機的相機鏡頭對著周遭環境，角色就會出現在畫面上，融合在畫面裡的真實環境中，彷彿角色真的出現在真實世界裡。

這項AR技術也可搭配VR技術，嘗試應用在現實生活中。豐田概念車「TOYOTA e-RACER」（刊頭彩頁）也是其中一例。車上裝設專用數位車窗，行駛時，平常眼睛看到的道路能夠變成賽車的賽道，或是悠閒的田間小路等不同場景。除此之外，車上的內裝也可改變。也就是說，藉由AR與VR的結合，能夠體驗到虛擬景色與真實世界結合的經驗。

「人類機能增強」豐富人類生活

VR與AR把人類變成超人？

VR與AR已經實際應用在「體驗災害四周情況的虛擬實境」、「蓋房子之前確認隔間」等例子上。

今後這些技術要是更加進步的話，我們的生活也可能會產生戲劇性的變化。「視覺」、「聽覺」、「觸覺」這些人類的能力只要藉由裝置或機械強化之後，就能夠實現原本肉體凡胎的人類所辦不到的事情。以最終目標來說，把VR、AR、機器人裝置裝進人體變成生化人（cyborg）這類科幻世界才有的情節，不再只是空想。

關於「人類機能增強（Human Augmentation，簡稱HA）」的研究，正實際從各個角度進行中。但是，原本研究人類機能增強的目的，並不是要把人類變成超人。假設有個裝置把人類所有能力增強了十倍，人類覺得方便而依賴這個裝置，漸漸的不再思考或不再自主活動身體的話，人類的能力將會衰退。

因此研究的重點其實在於一點一點的幫助人類發揮「天生的能力」。而協助人類行動的照護機器人，就是最簡單明瞭的人類增能範例。

插圖／杉山真理

▲你以為增強人類的能力，人類就會變成超人嗎？

▼照護機器人範例。功能是補充人類剩餘的腳力，提供他需要的力量。

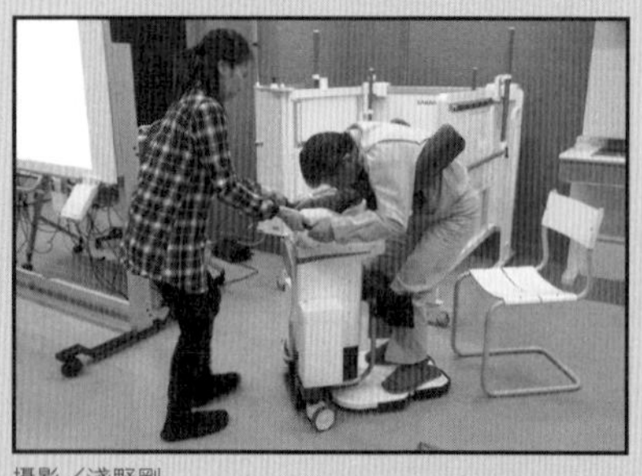

攝影／淺野剛
協助／日本產業技術綜合研究所人類機能增強研究中心

「提供」人類最能夠發揮能力的環境

運用VR和AR技術，提供的不只是物理上的力量，也可以提供環境，方便人類發揮天生的能力。

舉個例子，假設眾人在一個房間裡開會，某個發言者只要待在藍色房間裡就不會緊張，說話也會變得更有趣；另一方面，或許每位聽眾能夠專心聆聽發言的房間顏色也各有不同。

插圖／杉山真理
協助／日本產業技術綜合研究所人類機能增強究中心

▲戴上AR眼鏡，就可以改變每個人置身的環境。

而想解決這種物理上無法改變的情況，就可以依賴AR技術。只要讓每個人戴上一個AR眼鏡，把房間變成自己喜歡的環境，這麼一來每個人都能夠在最佳狀態下開會。

可共享別人的視角與體驗

應用VR與AR技術，也可能做到「靈魂出竅」。東京大學的曆本研究室正在研究一項裝置，配合無人機與AR眼鏡，透過第三者的角度觀察自己的行動。

把跟在自己身邊飛行的無人機拍攝的影像傳送到AR眼鏡上，就能夠像在看別人一樣看著自己。利用這種方式，可以即時檢視自己在棒球或足球練習時的姿勢。

▼曆本研究室進行的「JackOut」研究。可藉由無人機傳送過來的畫面，客觀檢視自己的行動。

Out-of Body Vision
Higuchi, Shimada, Rekimoto AH2011
Out-of Body Vision
Higuchi, Shimada, Rekimoto AH2011

影像提供／東京大學曆本純一

人類機能增強的「遠距化」改變人際關係？

人類機能增強的其中一項研究是「遠距化」。假如遠距化實現，就能夠連上位於遠處的機器人，如分身般操控。

更進一步的，透過VR和AR裝置感受機器人看到、摸到、感覺到的，彷彿身歷其境。也就是說，只要改變看法，使用網路，就能夠把自己傳送到遠方去。

行動不便的人能夠攀登聖母峰，或是安全的去調查危險場所……人類增能遠距化帶來的好處很多，將使我們的生活更豐富。

另一方面，人類如果跨越文化、經濟框架瞬間「來回」的話，也有可能引發意想不到的問題。思考跨越國境的規範，也將是未來的重大課題。

特別專欄

義肢的研究拓展人類的潛力

彌補身心障礙者身體機能的「義肢」也有顯著的發展。特別是在體育運動領域，部分田徑項目的義肢運動員紀錄甚至超越一般運動員。

但是，研究人員追求的目標不只是紀錄更新，他們更希望的是讓所有失能者都能夠藉由義肢享受運動。在研究義肢的過程中更加了解人類運動時的作動機制。也有研究者認為人類或許能夠藉由經驗累積，跑得更快、跳得更高。健全者與身心障礙者共同競賽，「增進」人類可能性的日子，或許不是太遠。

插圖／杉山真理　　協助／日本產業技術綜合研究所人類機能增強研究中心

一生一次的一百分

現在發回昨天的考卷。
大雄。
你還是一百分喔。
你為什麼這麼聰明啊？
其他人要跟他多學習。
真不甘心。
怎麼樣都拿不到一百分以上。
小学校
大雄真是太厲害了。
那就是大家所說的天才少年喔，真是了不起。

未來生活夢想號Q&A

Q 電腦持續進化下去，總有一天會主導人類。①錯誤 ②正確 ③不清楚

A ③不清楚。專家們對於這個問題也是意見分歧。據說發生的可能性並非為零。

?
※自動書寫
スイスイスラスラ
一下就做好了。
這是「電腦鉛筆」喔。
好了，我們去靜香家吧。
還我啊。
再借我一下吧！
太好玩了。
咦？你還在家裡啊？
走吧，去討論聖誕派對的事。

※窸窸窣窣

最近作業不是又難又多嗎？
怎麼寫都寫不完。
スラ
スラ
スイ
你什麼時候變得那麼聰明？
小意思、小意思。
其實我的作業還沒……
拿來吧。
真奇怪!!
那個笨蛋竟突然…
一定有問題。
我們來了。
不好意思。
我爸爸正在工作。
所以在家裡不能太吵。

Q 價值一千億日圓的頂級性能電腦在二十年後大約價值多少？①一百億 ②五千萬 ③八十萬

※窸窸窣窣
打擾一下。
サラ
サラ
サラ
チョイ
チョイ
到底是怎麼回事？
你是不是吃了什麼神奇的藥？
有的話，也分我們一點。
說那什麼話，真沒禮貌！
這些全是平日的努力所結下的果實啊。
因為大家睡覺的時候，我都還在拚命用功呢。
各位也千萬別放棄喔。
只要肯認真，一定能像我一樣。
真的是這樣嗎？

A ③大約八十萬日圓。電腦技術的發展速度可以套用「摩爾定律」（參見62頁）預測。

啊~真是爽快。
已經夠了吧?還我啦。
我還要用。
因為明天有考試。
卑鄙!!那樣就等於作弊!
有什麼關係?我也想拿一次一百分啊。
原來是這樣。
是那枝鉛筆的關係啊?
真好。
我也好想要喔……
想要的東西就一定要得到,這是我的一貫作風。
好啊,寒假的時候,就帶你去環遊世界吧。
而且,只要是大雄想要的東西,
不管什麼全都買給你。
老公!!別做那種奇怪的承諾啊。

未來生活夢想號Q&A

Q 類似祕密道具「電腦鉛筆」的文具可以被發明出來。①錯誤 ②正確 ③不清楚

A ③不清楚。未來可能出現這種技術。坊間已經有能夠幫助使用者增進「動力」的文具。

哈哈哈！那也要成績單全滿分才行啊。
那種事怎麼可能嘛。
ホッ
※吁
就是有可能，只要有這枝鉛筆的話……
哆啦A夢，我也會帶你一起去的。
哼！
那個眼神……
好像鄙視的眼神……
好像在看什麼骯髒的東西一樣……
……誰管你啊!!
明天我一定要用那枝筆!!

Q 電腦上的程式錯誤稱為什麼？①BUG（蟲）②DUST（灰塵）③BEAST（野獸）

這次的考試太難了，大家成績都不好。
你們看。
只有我拿一百分。
原來如此！
把那枝筆還我！
我不知道你在說什麼耶。
爸爸。
你喜極而泣了嗎？
老是不及格的你，沒理由突然拿一百分。
考不好就算了，但我可沒教你要作弊啊！
我再也不敢拿一百分了!!

A ① BUG（蟲）。一九四〇年代，有「蛾」卡在巨型機械式計算機裡導致機器異常停止，因此有了這個稱呼。

「超級電腦」與「個人電腦」有何區別？

超級電腦以車來比喻的話，就是「方程式賽車」

個人電腦與超級電腦的關係，就相當於一般轎車與方程式賽車。

個人電腦是行駛在一般道路上的「轎車」。可以上網、用鍵盤打字、編輯圖片和影片等，為了個人用途而打造，也考慮到節省能源與空間。

另一方面，超級電腦則像是為了在專用賽道上無限速奔馳而開發的「方程式賽車」。存在的目的是為了最先進的研究開發，能夠發揮與個人電腦完全不同等級的運算能力。

超級電腦擁有高性能的祕密，就在於相當於電腦大腦的CPU（中央處理器）的數量。個人電腦一般只有一個CPU，但是超級電腦卻有數萬個CPU連動，因此有數萬倍的處理速度。

插圖／杉山真理

超級電腦的始祖誕生於一九七六年

一般被公認為「史上第一台」超級電腦的是美國電腦工程師開發的「Cray-1」。當時的售價大約是十九億日圓（約新臺幣五點三億元）。每秒可進行一億六千萬次的運算，性能是當時一般電腦的一百倍。但是到了科技進步的現在，我們日常生活中經常使用的某個行動裝置，性能其實已經與這一台Cray-1相當，那就是智慧型手機。Cray-1的運算速度與多年前的「iPhone 4S」等級差不多。

經過大約四十年的演進，原本是家具大小的電腦已經變成只有手掌這麼大。

插圖／杉山真理

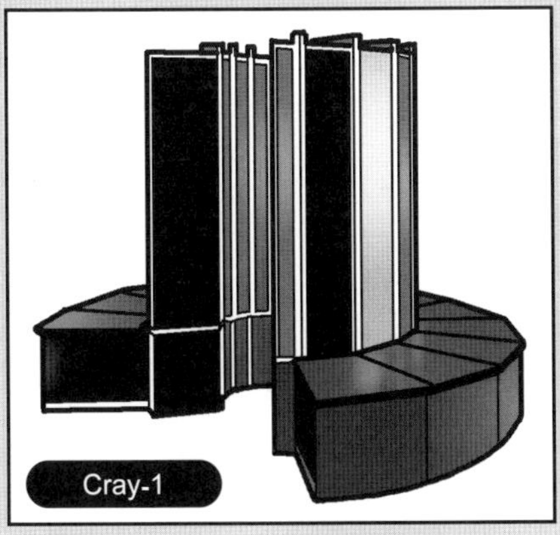

▲突出的部分是椅子，所以也被稱為「全世界最貴的椅子」。

數的單位與運算速度的變化（FLOPS）

千	百	十	一	千	百	十	一	千	百	十	一	千	百	十	一	千	百	十	一	千	百	十	一
垓				京				兆				億				萬				一			

超級電腦「富岳」的運算速度（預定於 2021 年完成）

超級電腦「京」的運算速度（服役至 2019 年 8 月）

「Cray-1」的運算速度（1976 年）

不同等級的運算能力

Cray-1與目前的超級電腦，根據數的單位比較運算速度，就會得到上表的結果。超級電腦「京」每秒可進行一京次的運算。寫成數字的話，就是1的後面有十六個零，相當驚人。

那麼，如果由地球上全人類，也就是大約七十億人口來進行這個運算的話，要花多少時間呢？假如七十億人全都二十四小時不眠不休，以一秒一次的頻率敲計算機的話，大概十七天之後可以算完。也就是說即使動員全世界的人，也贏不過超級電腦。

出處／TOP500（注：TOP500計畫是全球已知最強電腦系統的排名與詳細介紹。）

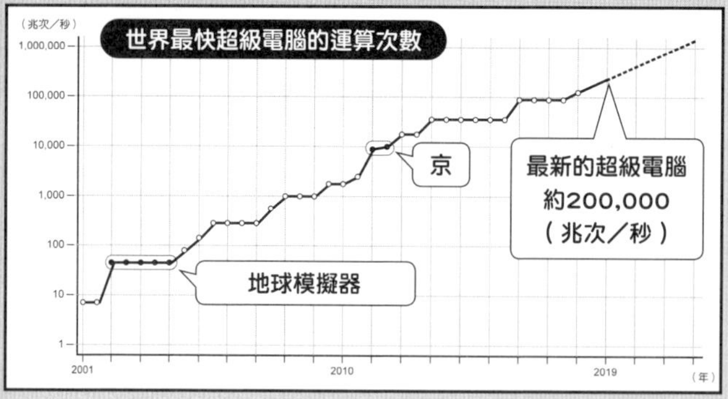
世界最快超級電腦的運算次數
（兆次／秒）
1,000,000
100,000
10,000
1,000
100
10
1
2001
2010
2019
（年）
京
最新的超級電腦
約200,000
（兆次／秒）
地球模擬器

十年後，超級電腦進步一千倍以上？

電腦是利用只以「0」和「1」來表現數的二進位法，做到高速運算，而擔任運算工作的就是CPU（中央處理器）。

而這個CPU是由「電晶體」這個小小的電子零件所構成。

超級電腦的性能能夠越來越強，就是歸功於這個電晶體的材料「半導體」的製造技術越來越進步。

性能提升的關鍵在於電晶體與網路

把電晶體等電子元件集中在半導體上製成的東西，稱為「積體電路」，在半導體上的集積度越高（使電路更細），性能也就越高。半導體製造商「英特爾」的創辦人高登・摩爾（Gordon Earle Moore）過去曾經預測這個集積度每隔十八個月就會增加一倍。事實上性能的確如此提升了，就像在證明他所說的沒錯，因此這項預測被稱為「摩爾定律」。舉例來說，每一秒可以執行一百項工作的

▼半導體的電路很細，只有人類頭髮的大約一萬分之一。

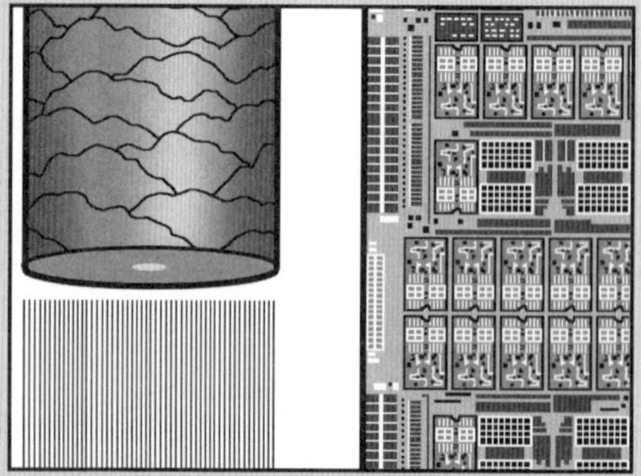

插圖／杉山真理

CPU問世的話，一年半之後，就會開發出每一秒能夠處理兩百項工作的CPU。

電腦的性能提升不只與半導體有關，也與行動通訊高速化有很大的關係。特別是超級電腦，連接著數萬個CPU（可參考六〇頁），必須透過電子迴路才能夠更有效率的合作。

連接CPU的電子迴路經常在監看、控制「哪個迴路被使用？」「最短的迴路是哪裡？」等，因此研究開發程式也是發揮超級電腦性能的一個重要要素。另外，要求性能第一的超級電腦，用電量也相當驚人。計算到二〇一九年八月為止，日本性能最高的超級電腦「京」整體設備一整年使用的電力，相當於兩萬七千個一般家庭的用電量。

插圖／杉山真理

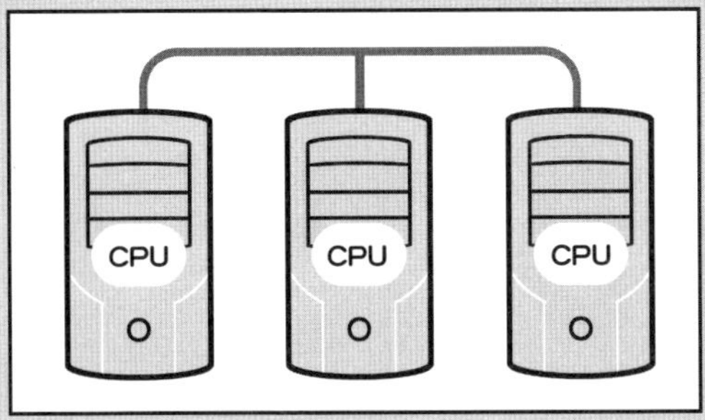

▲ CPU 之間的聯絡概念圖。特別花了心思打造成即使有某個部分故障，仍可使用。

運算速度越快越厲害嗎？

細數過去日本的超級電腦，從「地球模擬器」到最近幾年的「京」，都擁有傲視全世界的最快運算速度。但是，現在這個寶座已經讓給了其他國家。這意思難道是日本的超級電腦發展落後全世界了嗎？並不是這樣。

只有運算速度快，如果不是針對明確目的使用，並沒有意義。以「京」為首的日本超級電腦不僅不易故障，而且方便使用，擁有很高的國際評價。

特別專欄

「超級電腦」與「AI」的不同

一言以蔽之，超級電腦就是高性能的「電子計算機」。由人類下指令「哪個東西要怎麼運算」，才能夠發揮能力。

另一方面，AI是人類用電子計算機（電腦）執行腦袋想出的行動的電腦程式之一。

以前人類要按部就班以瑣碎的電腦程式下指令，現在AI自己就能夠找出執行方法。

活躍七年的「京」交棒給「富岳」

運算速度曾經在二〇一一年排名世界第一的超級電腦「京」，在二〇一九年的八月正式關閉電源，結束了大約七年的工作。

京曾經用在地球氣候變遷的預測及汽車、新藥的開發上。而即將接手的超級電腦「富岳」，將裝設在京的所在舊址，並發揮更高的性能接續這些工作。預定在二〇二一年啟用，性能約是京的一百倍。但是開發富岳的目的並不像過去的京那樣，只追求快速的處理速度。富岳的開發重點擺在「使用方便」，在進行實用性運算的領域也能夠發揮最高性能，除此之外也考慮到節能等經濟層面的問題。

超級電腦的性能即使在現在這個時候是最高的，但幾年後就會出現更強的東西。而富岳也有先見之明，因此在設計上下了功夫，將來可轉為市售商品。

超級電腦支撐起「計算科學」領域

跟著超級電腦一起發展的是「計算科學」這項學問，也就是電腦模擬計算。

代表性的例子就是新車開發的研究。十年前，新車開發必須先製作許多測試樣品車，讓樣品車實際行駛，進行測試。但是現在透過更精密的模擬計算，就能夠在電腦上確認零件的形狀和材質是否能夠發揮功用。因此能夠以低成本開發新車，而且測試者不會遭遇危險也無須害怕。

▼汽車撞擊分析模型的概念圖。大約 20 年前，測試範圍的網目精細度只有 2 萬點左右，到了 2000 年代已經達到 130 萬點。

構造分析的網目變得更細微

插圖／杉山真理

影像提供／日本氣象廳

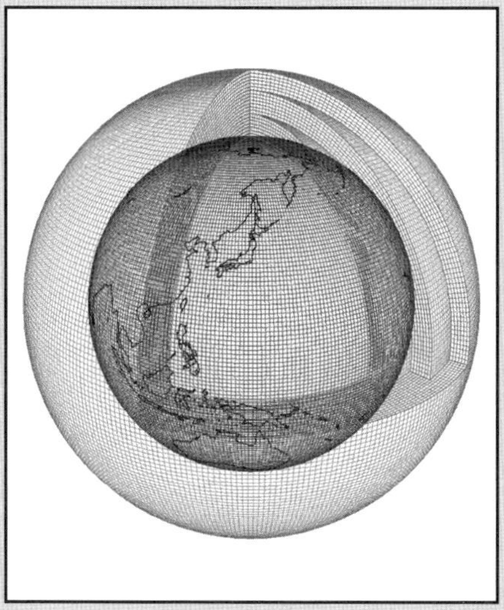

▲地球上空切割成網格狀，模擬天氣與雲的動向，再進行天氣預報。

超級電腦運用在模擬上的範例

天氣預報是預測地球「未來」的天空狀態，因此必須二十四小時監看整個地球的天空動態。世界各地在同一時間同時讓氣球升空，調查氣壓與氣溫，或是利用人造衛星調查雲的動向……利用所有方法收集龐大的觀測數據。快速又正確分析這些稱為「大數據」的資訊，就是超級電腦的使命。

結合超級電腦的發展，以及氣象預報員多年經驗為基礎的判斷，天氣預報的準確度也已日益增進。

代表例子就是颱風行進路線的預測。「預測颱風中心有百分之七十的機率會登陸」，預報顯示範圍的圓直徑一年比一年更小，我們已經更能夠掌握颱風的動線。

▼颱風的預報範圍從 2016 年起縮小了 20 ～ 40%，能夠更加鎖定行進路線。

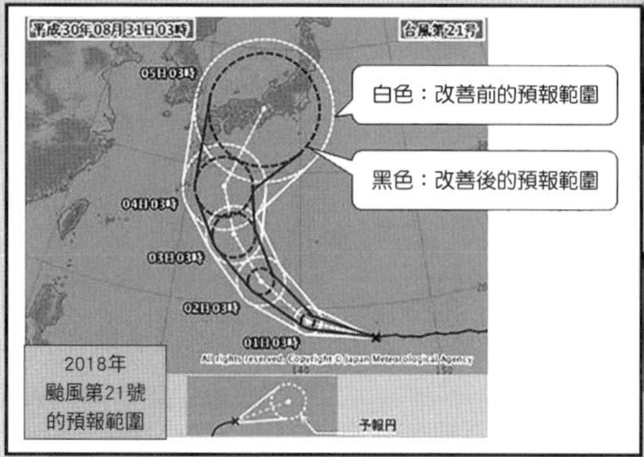
平成30年08月31日03時
台風第21号
05日03時
白色：改善前的預報範圍
黑色：改善後的預報範圍
04日03時
03日03時
02日03時
01日03時
All rights reserved. Copyright © Japan Meteorological Agency
2018年
颱風第21號
的預報範圍
予報円

影像提供／日本氣象廳

特別專欄

下一代超級電腦？何謂「量子電腦」？

量子電腦是應用「量子力學」進行開發、研究的電腦。量子力學是指，研究物質最小單位「原子」等我們眼睛看不見的物質動向的學問。

據說量子電腦一旦實現，只要三分鐘就能夠完成就連超級電腦都要花上一萬年的運算。

目前尚在開發階段，不過未來如果普及，一定會大大改變全世界的架構。

自動汽車

爸爸要開車載我去兜風。
那真是太好了。
你爸爸會開車嗎？
不會。
你家有車嗎？
沒有。
你問這個幹嘛啦！
只是隨便問問而已！
真是討厭鬼！
ドスドス
※砰、砰
怎、怎麼了啊？表情那麼可怕？

Q 世界第一輛汽車的時速可達四十公里。這是真的嗎？

別這樣。
我拿車子給你啦。
我不會開車啊。
不需要開車。
因為這是「自動汽車」啊。
カポ
※拿出
看起來好像玩具車。
好難看。
笨蛋！它聽到會不高興的。
※滿臉笑容
你看。
ウ～
※嗚
說好話哄哄它。
這麼棒的車，我從來沒見過。

A 假的。世界第一輛汽車是法國人居紐（Cugnot）發明的砲車，據說時速不到十公里。

要不要去兜風啊？
哇～好棒。
出發囉——
※引勤聲
看到紅燈也會停下來。
路上車好多啊。
咦！
我們先走啦！
※咻～
喂喂！要去哪啊？

未來生活夢想號Q&A

Q 搭載自動煞車等高齡者專用系統的車子稱為什麼？①安全輔助車 ②銀髮族車 ③超級車

它說愛上那輛車了。
想和它結婚。
開什麼玩笑。
晚點我再幫你找更好的對象。
現在先忍耐一下。
總算乖乖聽話了。
嘿嘿，我先走啦。
這傢伙很好強的？

※引擎聲

※生氣

※咻

A ①安全輔助車。藉由駕駛輔助系統，協助防止高齡駕駛者引發交通事故。

爸爸，不要輸給他們！快加速啊！
※喔伊～
你們超速了。
對不起。
你們也是。
是誰在開車的？
什麼？車子自己會動？
那就是車子的錯囉。
他在罵車子耶。
他的腦袋沒問題嗎？
算了。

汽車的進化與我們的未來

終於來臨？自動駕駛的時代

對於未來，眾人期待透過科學技術帶來更進一步發展的領域之一，就是移動方式，尤其汽車是我們個人在日常生活中不可或缺的物品。

汽車誕生於一七六九年。當時的法國人尼古拉·約瑟夫·居紐（Nicolas-Joseph Cugnot）發明了第一輛以蒸汽驅動的汽車。後來，汽車的開發追求更安全、更舒適、更有效率，以及更環保，一路發展至今。

近年來業者致力於開發的是自動駕駛車。日本國內的交通事故死亡人數儘管年年遞減，每年仍有約四千人死於交通意外，據說其中有百分之九十六的原因歸因於駕駛人。假如汽車能夠自動管理速度、正常行駛在車道上，就能夠比現在更安全。

好處當然不只如此。如果汽車無須有人駕駛，駕駛人就可以在車輛行進期間在車上看電影、睡覺或辦公，就像在搭乘計程車。而且塞車的情況如果能夠因為自動駕駛而改善的話，就能夠縮短交通時間，也能夠消除大貨車、大客車司機不足的問題。

汽車原本只是協助人類移動的一項「工具」，但發展至今可說是正逐漸像過去的馬兒一樣，成為人類的夥伴。

◀世界第一輛汽車「居紐的砲車」。這是三輪蒸汽車的試做品，現在展示在法國的工藝美術博物館。

影像提供／Thesupermat

自動駕駛已經是現在進行式！

自動駕駛需要眾多技術

自動駕駛包括了幾個階段，目前分成六個等級（SAE美國汽車工程師學會的分類）。另外，自動駕駛需要結合多項技術才能夠實現，不是像魔法一樣某天就突然有電腦可以幫我們全部搞定。

自動駕駛等級（六階段）

	等級	說明
車輛駕駛	等級5 完全自動	由車輛負責所有的駕駛動作。
車輛駕駛	等級4 高度自動	由車輛負責所有的駕駛動作，但僅限可自動駕駛的路段。
車輛駕駛	等級3 有條件自動	由車輛負責所有的駕駛動作，但緊急時必須由人駕駛汽車。
駕駛人駕駛	等級2 部分自動	能夠輔助控制速度與方向。
駕駛人駕駛	等級1 輔助自動	能夠輔助控制速度或是方向。
駕駛人駕駛	等級0 無自動化	由人負責所有的駕駛動作。

這裡將介紹幾項目前正在開發或已經實現的「自動駕駛必備技術」。現在的輔助駕駛系統多半只到等級2，不過未來這類技術持續發展與搭配使用之後，我們將更靠近完全自動駕駛的等級。

首先介紹的是感應器方面的技術。電腦必須了解周圍路況，才能夠判斷要「加速奔馳」、「停車」或「轉彎」。

自動駕駛所需的各種感應器

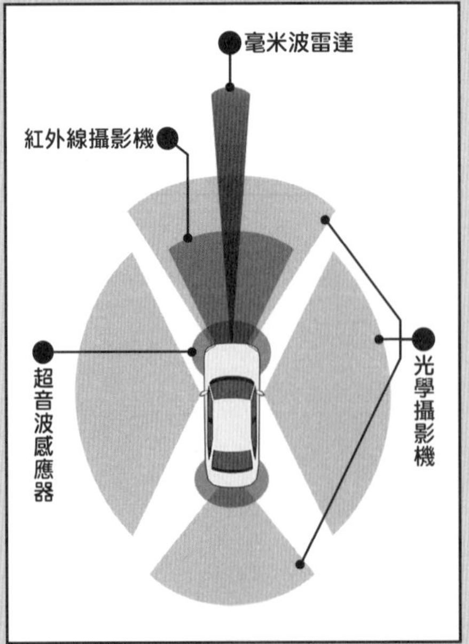

插圖／加藤貴夫

幾個各有特長的感應器必須搭配使用，例如：毫米波雷達的設計是能夠朝車外發射波長一至十釐米的電磁波，接收到電磁波碰撞物體反彈回來的訊號，就能夠計算距離。毫米波雷達的直線前進特性強，遇到下雨、起霧、下雪仍可使用，能夠確認相對較遠的物體。另外，「紅外線攝影機」的溫度感知功能出色，因此有助於用來發現車外有人。

另外，「光學攝影機」相當於人類的眼睛，能夠辨識前方的影像，因此不只能辨別出前面有東西，連「前車打了煞車燈」也能夠判斷。

事實上，除了這類「用來了解車外情況的感應器」之外，車上也配備有知道自己所在位置的GPS、判斷加速與減速的加速度感應器、得知車身姿勢的陀螺儀等用來知道汽車狀態的感應器。

插圖／佐藤諭

▲自動煞車系統能夠減少損害。

接著要介紹的是自動煞車。目前已經實現的，不是汽車在完全自動駕駛下能夠安全停止的系統，而是檢測前方車輛與行人並通知駕駛人、自動啟動煞車、輔助人類踩煞車的力道、防止誤踩油門暴衝的技術。儘管無法完全防止事故發生，但這類技術確實能夠減少損害。

另外，油門自動維持一定速度，稱為「定速巡航」。現在這項功能再加上自動煞車與感應器，就能夠自動保持一定的車距，稱為「主動定速巡航跟車系統（Adaptive Cruise Control，簡稱ACC）」。

實現自動駕駛，除了速度（前後）控制之外，也需要車道（左右）的控制。利用攝影機感應車道，在即將越線時發出警報聲提醒駕駛人，或是自動操控方向盤等技術正在實現。

輔助駕駛系統不可或缺的是辨識交通號誌的功能。人類是「有注意到才會去確認交通號誌」，無論如何總會有漏看的情況，因此開發出利用攝影機讀取「停車再開」和「最高限速」等號誌，以車上螢幕和語音提醒駕駛人的技術，而且已經在使用。

結合目前提到的多項技術企圖實現的是大貨車列隊行駛。同樣車輛在類似高速公路這樣沒有十字路口的道路上，朝著相同方向定速前進時，能夠使用自動駕駛。首先是只有領頭車有人駕駛，第二輛之後的大貨車都採用自動駕駛，而未來則是希望做到所有大貨車都採用自動駕駛，也正在進行實測中。各大貨車彼此之間目前保留比較寬的車距，今後計畫將縮短距離。

停
停車再開
停
▲感應器辨識交通號誌，提醒駕駛人。

插圖／佐藤諭

另外也存在著「與後車之間如果有其他車輛插入怎麼辦？」等問題有待解決，然而一旦實現了這項技術，就能夠解決大貨車司機不足的社會問題。另外也能夠降低運送成本、縮短運送時間。

使人類能夠憑直覺駕駛汽車的技術也在開發中。其中一項就是三百六十度環景影像系統。整合裝在汽車前後左右的四個攝影機影像，畫面看起來就像「從正上方俯瞰自己駕駛的汽車」。尤其是停車就會變得很容易，也能夠防止碰撞事故。

照亮汽車前方的車燈通常可切換遠光燈（車燈照射方向略朝上）與近光燈。使用遠光燈可照向遠處，駕駛人的視線也更佳，但是對於對向來車和行人來說卻很刺眼。為了消除這個問題，開發出的就是智慧型遠光燈自

▼測量大貨車的間距，共享數據資訊，同時列隊行進。

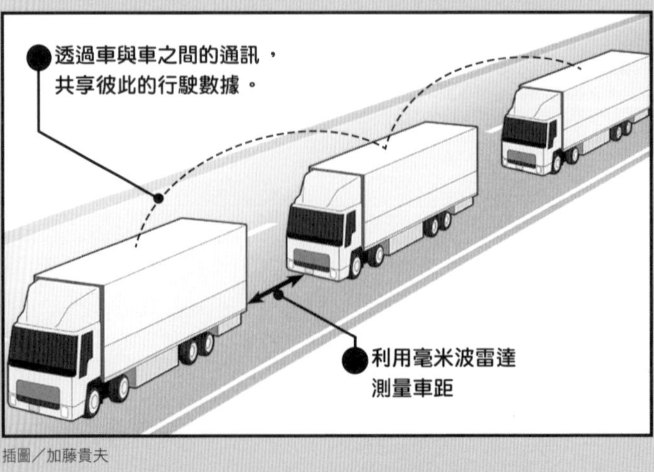
透過車與車之間的通訊，
共享彼此的行駛數據。
利用毫米波雷達
測量車距

插圖／加藤貴夫

動切換系統（AHB）。

平常可用遠光燈看清楚，一旦對向有來車或有行人時，就會自動切換成近光燈。另外也可以設定只有對向來車和行人的地方用近光燈。

看了右頁大貨車列隊行駛的圖片就能明白，這類自動駕駛與輔助駕駛系統都少不了通訊技術。車輛、人與道路之間靠著通訊網路連結成一個系統，以這樣去思考才能夠更加提升安全性也更有效率。而這就稱為智慧型運輸系統（Intelligent Transportation System，縮寫ITS）。汽車導航與ETC也是其中一部分，這也是自動駕駛必須的思考方式，今後還可以自動根據道路壅塞狀況變更過路費與交通號誌。

另一方面，各車輛共享所持有的資訊，遇到災害時就能更正確的避難。事實上在三一一東日本大地震的時候，本田汽車掌握了哪些路可通行的資訊，做成通行資訊地圖公開。這種情況正是汽車利用通訊網路串連才能辦到的。

影像提供／日產汽車公司

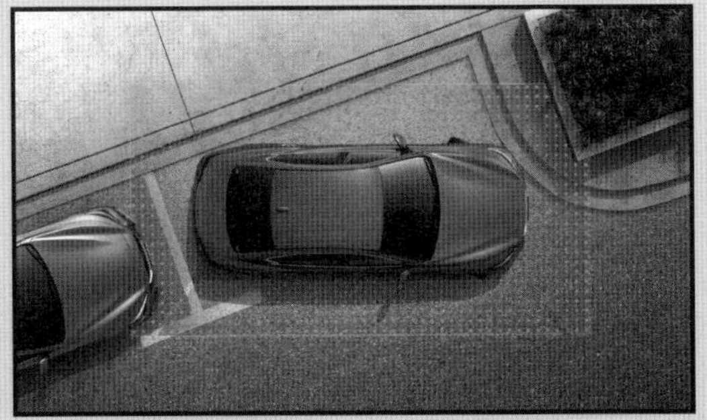

▶影像就像是從車外觀看自己搭乘的汽車。

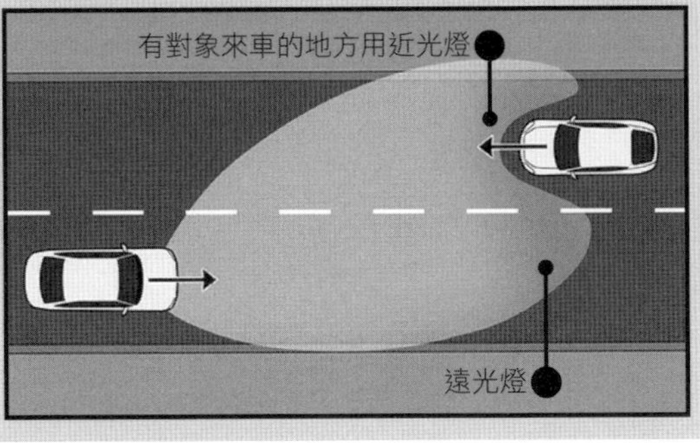

▶所有車燈盡可能照亮遠處，但是遇到對向來車的地方就變成近光燈。

插圖／加藤貴夫

特別專欄

防止開車打瞌睡！

駕駛時打瞌睡容易引起車禍，因此相關業者也開發防止這種情況發生的技術。

舉例來說，可利用安裝在方向盤中央的攝影機讀取駕駛人的眼睛動態，一旦檢測到在打瞌睡，就會發出警告。

另外還有在駕駛座的座椅內設置壓力感測器，透過呼吸與脈膊檢測睡意，以振動座椅喚醒駕駛人、以及昏厥等緊急時刻可聯絡消防隊等。

不是只有自動駕駛，全新的移動方式！

更便利，更舒適

個人的移動方式發展至今，並不只有自動駕駛。例如：Uber是計程車（在國外是一般有自用車且有時間的人，在台灣是商用計程車）與乘客媒合的服務，世界七十多個國家都在使用。另外還有出租自己汽車的服務、計時短租停在路旁的腳踏車等共享服務也越來越多。這些服務繼續發展下去的話，或許就不必每個人都需要擁有自己的私人運具。

影像提供／日本賽格威公司

影像提供／KINTONE

影像提供／CARTIVATOR/SkyDrive

再者，個人取向的新型交通工具也越來越多。站立駕駛的二輪車賽格威不只是移動工具，除了休閒娛樂之外，警察、保全也廣泛使用。另外，一鍵折疊的電動滑板車也可以隨身帶著走。

若是講到夢幻交通工具，一定非「飛天車」莫屬了。飛天車以自動駕駛在天空中運行，這樣的未來願景在一項項技術的累積之下終將到來。

特別專欄

東京奧運與自動駕駛

e-Palette是在2020年東京奧運（因武漢肺炎延期至2021年）會場，當作巡迴選手村巴士的低速自動駕駛車。能夠隨時檢測四周360°的障礙物，自動駕駛等級相當於等級4。

車身採用箱型設計，確保車內空間寬敞，最多可搭乘20人。

影像提供／豐田汽車公司

四次元疊疊屋

未來生活夢想號Q&A

Q 只要太陽能發的電超過家庭用電，就可以說是零耗能。這是真的嗎？

A 真的。只要發電量達到（或超過）消耗的電力，家中實際的能源消耗量就是零。

※霹哩啪拉
大雄!!
不可以在二樓吵鬧。
真是的，搞得都是灰塵……
不准再玩了!!
難得想到有趣的遊戲……
好想繼續玩喔。
對了！因為在二樓玩，才會被罵。
那我們到三樓去吧！
咦……我家哪有三樓啊？
「四次元疊疊屋」。
只要在一樓跟二樓之間放入屋塊，無論是幾樓都能無限加蓋。

カチャ
※喀喳
グラ
※嗡～
這麼一來，我們家就變成三層樓了。
真的嗎？
咦……出現樓梯了。
一樓跟二樓之間，多了這間新房間。
無論在上面怎麼玩，都不會吵到下面。
痛快的玩吧！
※咚砰、啪咚

未來生活夢想號Q&A

Q 電從遠處的發電廠傳送過來時，會逐漸減少。這是真的嗎？

A 真的。送電時會流失電力，因此家家戶戶自行製造自己要用的電，更有效率。

好像遠處的屋子…
有小孩子在吵鬧的樣子。
呼呼呼…啊啊，好好玩喔。
去找靜香來玩吧。
咦…？
不是變成三層樓了嗎？
因為是四次元，所以從外面看來還是原來的樣子。
很好玩喔，來玩吧。
我不想玩棉被大戰……
但我家在施工，我想要一間可以安靜讀書的房間。
ダダ
ガー
ドドド
ダダ
二樓有空房喔，歡迎妳來~

※咚咚咚、噠噠噠、砰砰

Q 智慧住宅、智慧城市能夠削減使用量的只有電力。這是真的嗎？

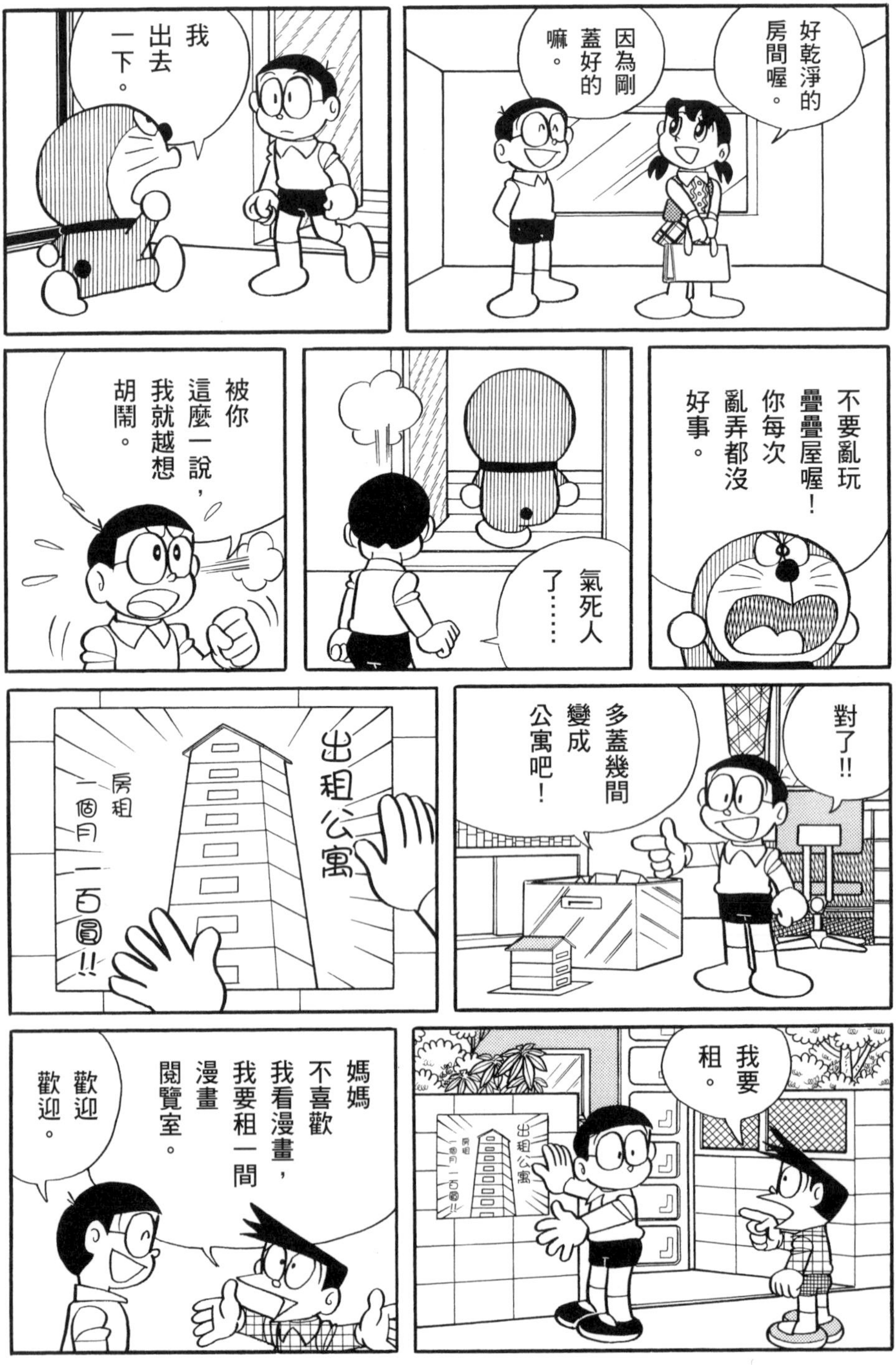
好乾淨的房間喔。
因為剛蓋好的嘛。
我出去一下。
不要亂玩疊疊屋喔！你每次亂弄都沒好事。
氣死人了……
被你這麼一說，我就越想胡鬧。
對了!!
多蓋幾間變成公寓吧！
出租公寓
房租一個月一百圓!!
我要租。
媽媽不喜歡我看漫畫，我要租一間漫畫閱覽室。
歡迎歡迎。

A 假的。舉例來說，省水型馬桶、蓮蓬頭等都已開發出來。另外，整個城市也可以善加利用雨水和汙水。

※喀嗟
變成四層樓……
三樓租給你。
我喜歡！
我也要租。
我想要可以盡情唱歌的房間。
咦……
加蓋成五層樓，四樓給你。
※喀嗟
※魔音～
頭快痛死了。
那麼變成九層樓好了。
隔著五樓和六樓，七樓給你。

靜香是八樓。
謝謝。
我要租房子。
啊？
出租公寓
大雄!!
ダダダ
哇！
怎、怎麼辦!?
對、對了！
往上☆逃吧！
カチャカチャ
カチャカチャ
奇怪……
不管我怎麼爬……
樓梯…呼呼～
都爬不完…呼呼～
我……
不行了…

變成超高的高樓大廈了。
廁所只有一樓才有。
怎麼走都走不完的樓梯。
哇啊~來不及了!!
我不是警告過你了嗎!?

我們的生活因智慧宅而改變！

我們的住宅也在年年進化，業者正在開發更舒適、更經濟（減少對家庭財務的負擔）、更環保的房子。

其中有一種住宅，特別利用IT技術將家庭能源消耗調整到最適合的用量，稱為「智慧宅（聰明的房子）」。另外還有將房子設計成盡可能減少環境負擔的類型，稱為「零耗能建築」，以及將家庭一整年消耗的一次性能源（從自然界取得的能源）消耗量轉為零的「淨零耗能住宅（Net Zero Energy House，縮寫ZEH）」。

打造這類住宅需要具備「發電與蓄電技術」、「減少能源消耗量的技術」、「使用環保材質與施工方式的技術」這三種能力。當然如果只考慮到環保，而造成人類生活不便或帶來各種痛苦，也不是好事。我們需要的是對人類和地球都有好處的技術。

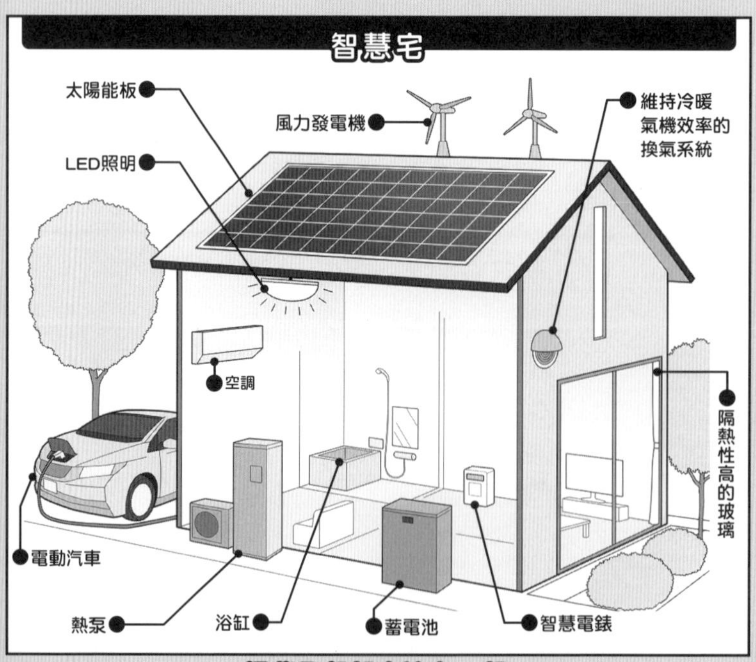
智慧宅
太陽能板
風力發電機
LED照明
維持冷暖氣機效率的換氣系統
空調
隔熱性高的玻璃
電動汽車
熱泵
浴缸
蓄電池
智慧電錶

這些全部都串連在一起

插圖／加藤貴夫

自己的家也能產電！

過去一般人的想法是「電是從發電廠送過來的東西」，不過最近幾年有越來越多家庭自己產電。自家發電能夠有效利用太陽能等自然能源，也能夠減少購電量。遇到地震或颱風造成送電線斷電時，只要自己能夠生產一定程度的電力，就能夠因應災害。

插圖／加藤貴夫

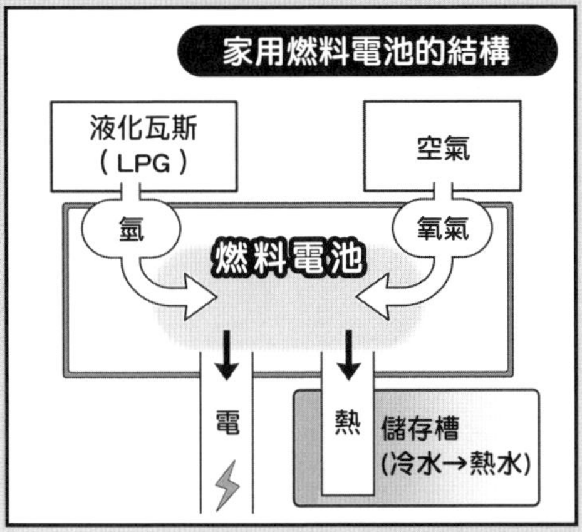

家用燃料電池的結構
液化瓦斯（LPG）
空氣
氫
氧氣
燃料電池
電
熱
儲存槽（冷水→熱水）

▲有效利用產電時產生的熱，因此減少了整體的二氧化碳排放量。

除了把太陽能板、風力發電機裝在屋頂，利用瓦斯和空氣產電，並利用發電產生的熱把水加熱或用在地暖系統上，這樣有效率的系統（家用燃料電池）也逐漸普及。

更有效率的使用資源與能源！

人類為了活下去，無論如何都必須消耗一些能源，但我們可以盡量有效率的利用能源。

首先是照明器具方面，LED正在逐漸普及，新技術OLED（達到適當電壓就會發光的素材）已經開始使用。OLED的發熱量很少，因此能源效率佳，而且有接近自然光、又輕又薄、照明範圍廣等眾多優點。

另外，為了促進冷暖氣機的效能，必須提高住宅的隔熱能力。牆壁使用隔熱性高（不易導熱）的素材，窗戶也使用雙層玻璃或樹脂製的拉窗。

最後再以智慧電錶串連發電機和所有的家電，採取最有效率的用電方式也很重要。

插圖／加藤貴夫

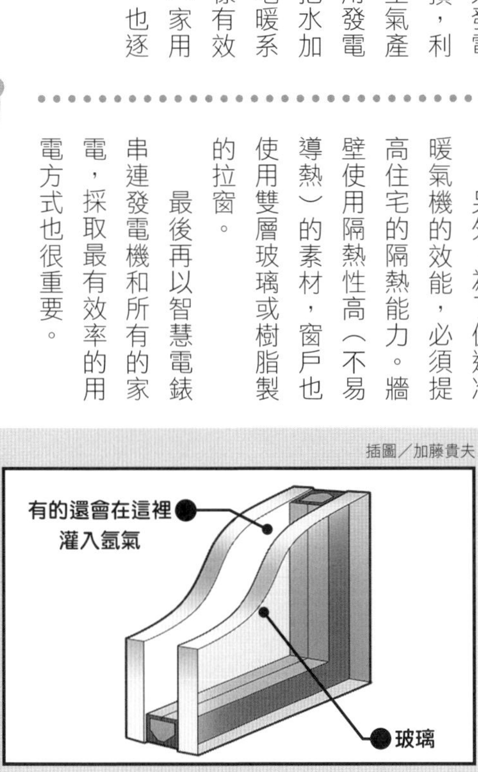

有的還會在這裡灌入氬氣
玻璃

▲玻璃是雙重構造，熱就不容易通過。

以新建材及方法打造前所未有的房子！

只更換建材也算是環保住宅！

實現智慧宅，建築物使用的材料與建築方式也需要新的技術。

牆壁和柱子等所使用的材料應該盡量是使用期限長、可重複利用、製造時消耗的能源少、使用完畢可自然分解的產品。事實上，目前有利用廢棄木頭原料、塑膠原料製作的新建材，稱為WPRC（木材塑膠再生複合材，Wood-Plastic Recycled Composite）。不只建材本身是使用回收材料所製成，用完還可以再次回收。因為符合安全標準，對人體也不會造成傷害，因此可以配合用途進行各式各樣的加工。

影像提供／ECO WOOD

▲WPRC。以回收的木材與塑膠製成。

食物方面有在推廣「地產地銷（吃自己居住地生產的食物）」，建材上也一樣，推廣盡量使用當地種植的木材。這樣一來不僅能夠減少運送能源，在自己居住地生長的木材也較適應當地的溫溼度變化，這也是一個優點。

特別專欄

禁得起災害的房子

除了環保之外，房子禁得起天災也很重要。特別是針對地震的防範，在建造上有耐震（堅固的構造不易毀壞）、制震（吸收晃動的能量）、隔震（避開搖晃，不使建築物晃動）這三種技術。另外，電動車與家裡的電力系統連接的話，就能夠當作蓄電池使用。

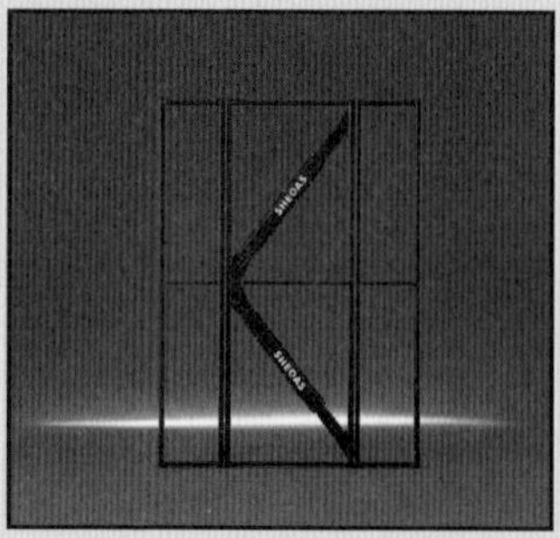

▲制震系統「SHEQAS」。能夠把搖晃的動能轉換成熱能，藉此減少建築物的晃動。

影像提供／積水 HOUSE

房子也用列印的時代？

就像把墨水噴在紙上印刷一樣，近年來開發出從噴頭噴出合成樹脂和混凝土、製作立體結構物品的技術，這項裝置稱為3D列印機。小型的機種可以列印製作出螺絲等零件，能夠蓋房子的大型建設用3D列印機也已經出現。

▲用3D列印機蓋房子，可自動施工。

插圖／佐藤諭

與以往施工方式相比，3D列印機只在需要的地方製作需要的材料，因此能夠減少建材的浪費。另外還有能夠短時間蓋好房子、無須太多人力、蓋房子的成本低等，好處非常多。

根據美國舊金山一間設計工作室發表的內容來看，最短在二十四小時、花費六十萬日圓（約新臺幣十七萬元）就能夠蓋出一棟房子。在俄羅斯的莫斯科，也有二十四小時蓋好房子的例子。此外，中國上海有世界最大的合成樹脂製3D列印橋與世界最長的混凝土製3D列印橋。

另外，因為3D列印房子是直接在工地堆疊材料，因此外型可以有很多變化，這也是其一大特徵。底下的照片就是實際以3D列印機打造的建築物。更多形狀有趣的建築物與立體結構物體正在逐漸增加，請各位務必搜尋看看。

除了新建材之外，也出現利用電腦的新建築方式與機械，得以蓋出環保且對人體無害的建築物。

▼3D列印機製作的貝殼型長椅成品概念圖。

影像提供／大林組

▼歐洲第一間3D列印住宅。已經有人住在裡面。

影像提供／ AMT-SPETSAVIA Group

全都串連，生活更方便！

結合IoT、機器人、AI、大數據、5G行動通訊系統等各式各樣技術，便利安全又環保的城市稱為「智慧城市」。其最大特徵就是各系統彼此相連，能源與資訊都能夠互通有無。

日本的能源自給率只有百分之九點六，因此必須以都市為單位推廣節能。不只是家裡的家電產品、發電與蓄電設備要連結，也要與其他住宅、辦公大樓、商業設施、學校、醫院等連結，才能夠做到最適合整個城市的能源分配。例如：自家產電多餘的電力可以賣給其他機構；整體的電量不足時，也能夠讓醫院優先使用。這種電力網稱為「智慧型電網」。

另外，資訊互通有無的好處不只是在能源方面，在人的交通、物流、課業與工作、購物、疾病治療等所有層面也會變得更便利。

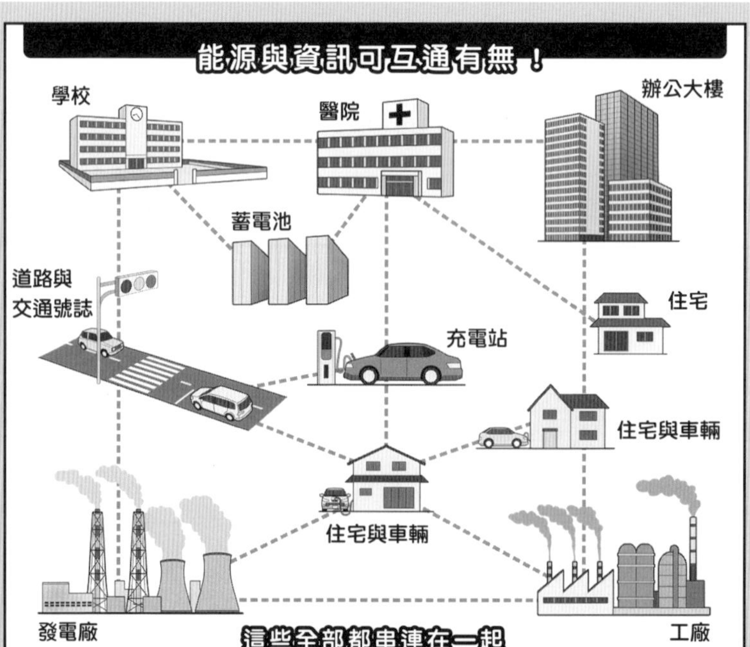
能源與資訊可互通有無！
學校
醫院
辦公大樓
蓄電池
道路與
交通號誌
住宅
充電站
住宅與車輛
住宅與車輛
發電廠
工廠
這些全部都串連在一起

插圖／加藤貴夫

舉例來說，只要能夠知道現在哪一條路塞車、大部分民眾正要前往哪個方向，就能夠導出最適合自己的交通方式。「排隊」、「等待」、「最後決定回家」等無謂的情況就會從街道上消失，人人都能把時間用在對自己最重要的事物上。這麼一來，人類的生活方式也會出現變化。

更進一步來看，天災發生時的供電、物資供給如果以城市為單位的話，「這裡資源過多，那裡卻不足」的情況就不會發生，也能夠以更合理的方式來決定在哪裡發電、哪裡放置蓄電池。

日本神奈川縣的橫濱市、愛知縣豐田市、關西文化學術研究都市，以及福岡縣的北九州市皆獲選為「次世代能源與社會系統實驗區」，正在進行智慧城市的相關測試。

對人類來說，更舒適方便、對地球的負擔也少，這樣的夢想城市需要什麼樣的技術才能夠實現，各位也可以一起來想想看。

特別專欄

試著想像未來生活！

今天要上課，老師會在線上教學，所以不必前往學校。在開著空調的舒適房間裡上課，學習效率變得更好，而且用的還是隔壁鄰居的太陽能板產出的電。爺爺的藥吃完的話，無人機就會自動送到我們家院子裡。食物和衛生紙等生活用品也會自動配送，不需要出門購物。好了，我差不多該去參加社團活動了。足球練習需要大家親自到現場，出發時間一到，自動駕駛的計程車就會抵達家門口接我，非常方便。駕駛系統會事先確認路上的交通狀況，計算出最適合的路徑，不會遇到塞車。車子是在電力有剩的晚上充電完畢的。那麼，到學校之前還有一點時間，我就稍微唸點書吧。

插圖／佐藤諭

大雄的地底王國

都是那個不好!!
因為有那個，讓全國的小孩感到痛苦!!
如果沒有那個的話，這個世界將會有多麼的快樂啊！
啊～～我好想去沒有那個的世界喔！
那個到底是什麼？
學校!?
什麼嘛，說清楚一點…
原來只是考試考零分被老師罵而已啊，
那是你自己不對。
可是如果沒有學校，
就不必考試寫作業、也不會被老師跟媽媽罵了。
那是不可能的。

日本的法律規定小孩子必須要上學受教育。
日本真是個討厭的國家。
哪裡都是一樣的。
我們去空地好好玩，忘了它吧！
咦？空地不能用!?
好像要蓋公寓什麼的。
那我們以後要到哪裡玩啊？
鎮上會變得越來越窄。
是日本太小了。
等等！
我要把零分的考卷藏起來才行，
藏到媽媽找不到的地方。

A 不是。智慧農業是指發展機械化、節省人力的農業。

卡！
有洞！
把考卷放到最裡面……
最裡面……
怎麼回事啊？
洞越來越大了。
只不過要埋張考卷而已，未免太小題大作了吧。

未來生活夢想號Q&A

Q 全地球的農地面積大約多少平方公里？①一千三百萬 ②一千五百萬 ③一千七百萬

A ③大約一千七百萬平方公里。地球的陸地面積約一億五千萬平方公里，其中約百分之十一點五當作農地使用。

沒有藏好了的感覺。
挖個洞埋起來吧。
呼呼……
真是太蠢了！
咦？有那麼大的洞穴啊!?
嗯……
距離滿遠的，看來是連到國外的大洞穴了。
天啊！
不論打棒球還是要做什麼都可以。
對吧!!
把這裡變為我們專屬的遊樂場！

Q 與二〇〇〇年相比，地球的綠化面積增加了。這是真的嗎？

不僅如此，
還可以做個祕密基地。
何只是祕密基地，
甚至可以造個城鎮呢。
何只造城鎮，
還可以建立一個小王國呢。
對了！建立一個小孩子專屬的王國。
專門為⋯
小孩子⋯
建立的國度！
我要當首相，實施偉大的政治理念。
那個以後再說吧⋯⋯
要先把凹凸不平的地面弄平。
「迷你推土機」。

A 真的。根據觀測資料可知，地球整體的綠葉數量增加了約百分之五。因為中國與印度有更多土地變更成農地。

※匡、匡、嘎～
ガッ
ゴ
ゴ
接下來……
「光苔」。
只要撒下去，
就會附著在岩石上繁殖。
明天就會煥然一新了。
對了，
我們還要挑選國民。
小夫跟胖虎只會搞破壞，
一開始先找靜香來就好。
也找出木杉來吧。
他的頭腦好，能幫我們想些好主意。

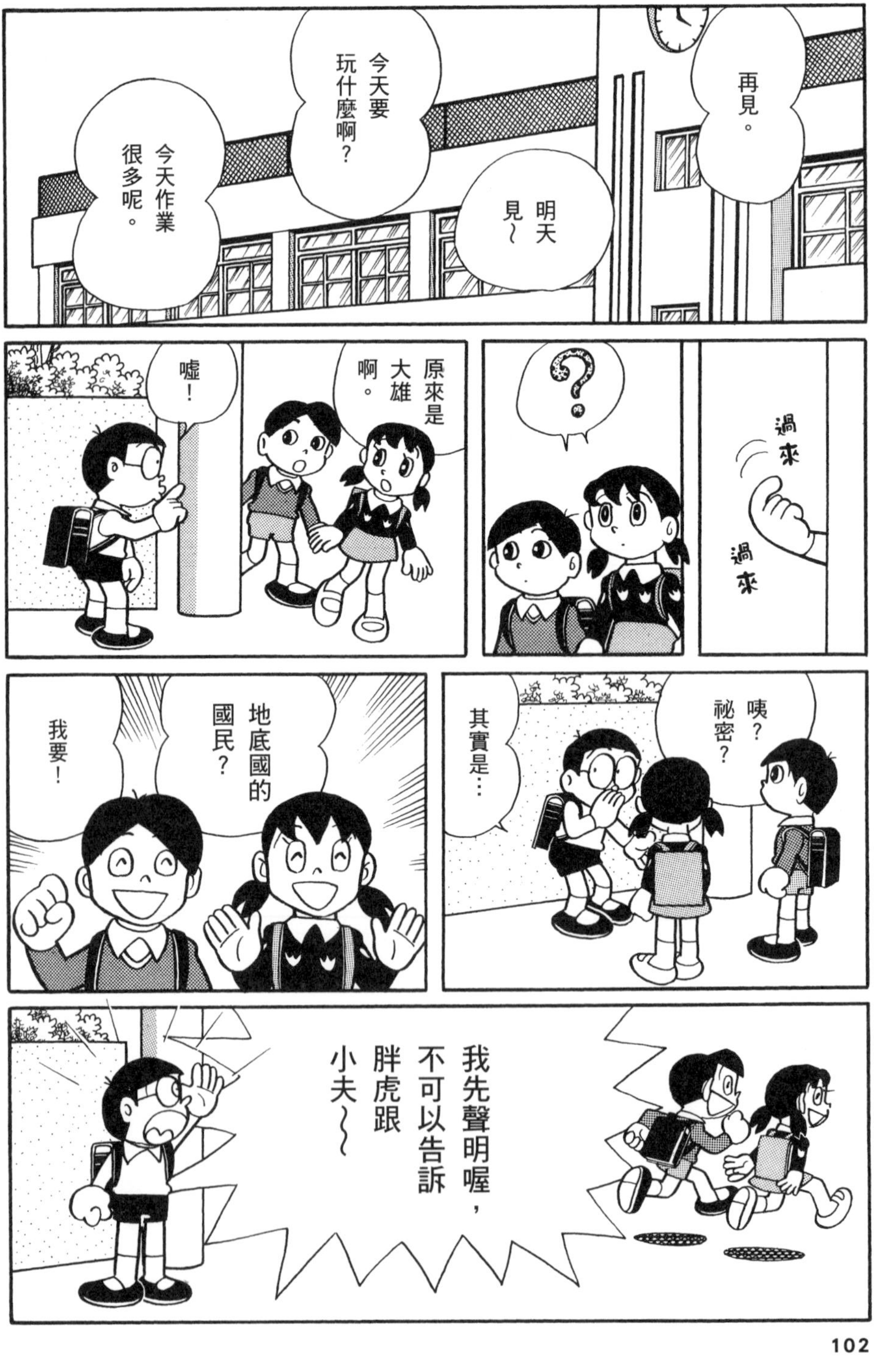

Q 日本農地面積大約相當於幾個東京巨蛋（佔地約五公頃）？①一萬個 ②一百萬個 ③一億個

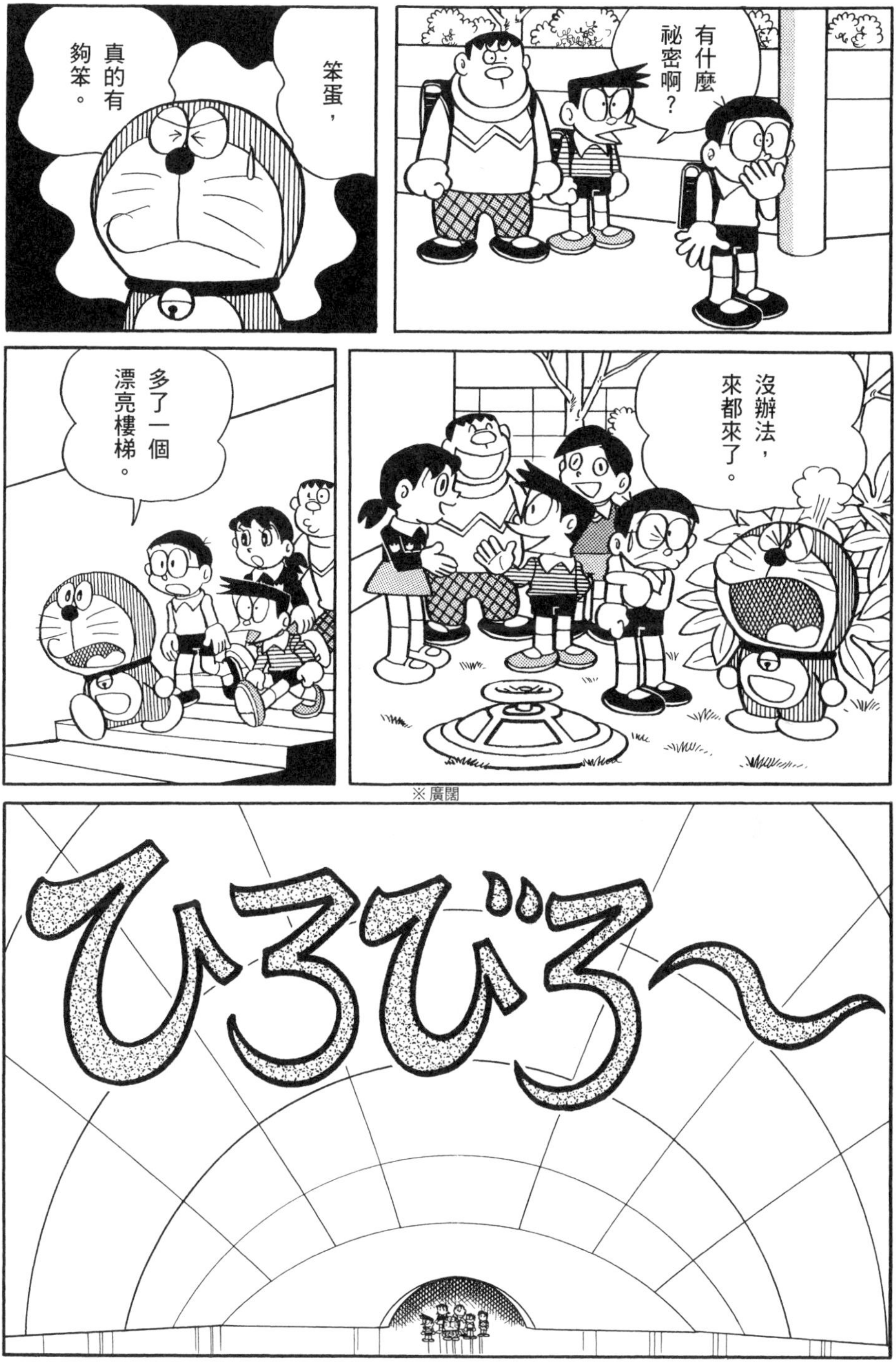

A ②一百萬個。日本農地面積大約是四萬四千平方公里。東京巨蛋約為〇點〇四七平方公里，正確來說是相當於94萬個。

※啪

未來生活夢想號Q&A

Q 智慧農業使用的無人機與機器人幾乎都是日本製造。這是真的嗎？

A 假的。無人機市佔率第一的是中國DJI公司的產品，因此中國製的較多。機器人則幾乎都是日本製。

Q 智慧農業可透過智慧型手機的應用程式實現。這是真的嗎？

A 真的。目前已經開發出操控無人機的手機應用程式，以及監控溫室環境的手機應用程式。

跟我的交換吧。
怎樣？好吧～
其他還有很多不錯的房子啊……
我受不了了!!
※站起
胖虎那傢伙……
到了這個國家仍然惡性不改……
嗯，我擔心的事終於發生了。
置之不理，國家會動盪不安。
スック
「機器警官」和「署長徽章」。
POLICE
他們會聽從別上徽章的人的命令。
去教訓危害國家和平的惡徒。

未來生活夢想號Q&A

Q 日本農地面積在世界各國中排名前五十。這是真的嗎？

A 假的。農地面積排名第一是印度，接著是美國、俄羅斯、中國。日本排名第五十一位。

※日本總務省統計局《世界統計二〇一九》資料。

※揍、揍

Q 智慧農業可以用上的產品超過一百種。這是真的嗎？

處以十分鐘禁閉之刑。
關起來！
我們要消弭暴力，建立一個光明和平的國家！
贊成！
贊成！
無異議！
話說回來，所謂的國家，
不是都會有國王、首相或是總統的嗎？
我想當首相，你們意下如何？
…………
嗯，也好啦。

A 真的。根據日本農林水產省歸納的《智慧農業技術型錄》中有多達一百九十八種技術。

我將這裡取名為「大雄國」，這一面就是我們的國旗。
大家一起呼喊「大雄國萬歲」！
我要實行德政。
首先訂定每天都是星期天，
全體國民各給十萬圓零用錢。
玩具跟點心也要多給……
哪來的錢啊？
實際一點吧！
這只是暫時的，還是得回家吃飯，也得寫作業才行。
不要戳破我的夢想。
喂？出木杉。
立刻到首相官邸來。
我任命你為教育部部長。
？

未來生活夢想號Q&A

Q 有地區是根據人造衛星拍攝的影像判斷採收時期。這是真的嗎？

A 真的。日本青森縣的品牌米「晴天霹靂」就是利用衛星影像，判斷佔地約十六平方公里農地的採收期。

Q 真的有直線前進專用的自動駕駛裝置嗎？

A 真的。這種裝置在田地等泥濘地面也能夠精確的直線前進，插秧植苗。

咿~~
怎麼辦!?
跑到這裡來了。
無處可逃了。
挖個洞躲起來。
?
這張紙是什麼東西?
!
※轟轟轟
ゴゴゴゴ
是地震!!
快逃!
我們會被活埋啊!

我的王國……
……對不起，
我太得意忘形了。
我會反省的。
那張紙是什麼？
結果還是被發現了，
這兩天的努力全白費了。

智慧農業啟動

奠定民眾生活基礎的農業

一萬數千年前，人類的工具是簡單的石器，他們一邊移動一邊取得食物，過著狩獵採集的生活。

後來的幾千年，人類轉為定居，開始在世界各地從事農業。

插圖／佐藤諭

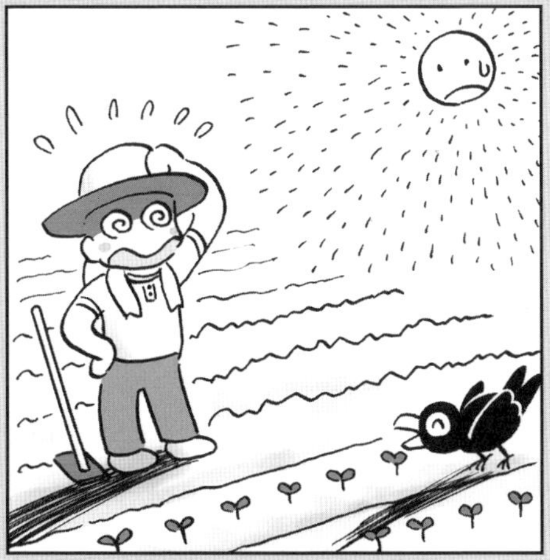

▲傳統農業很重要，但是勞動過程太辛苦。

農業是人類自己耕種作物、圈養動物，穩定取得作物與收穫的生產方式。現在，人類每年能夠生產出二十六億公噸的主食穀物。整個地球住著超過七十七億人口，也要歸功於以農業為主的糧食生產方式。

農業是很重要的食物生產產業，但是它卻是相當辛苦的產業。在炎熱的夏天必須在戶外大太陽底下勞動，花上好幾個月辛勤培育的作物卻很可能因為冷夏、酷暑、颱風等天候影響而摧毀。

這個工作面對的是植物和動物，所以必須每天照顧，很難有固定的休假日。想要全家人一起去旅行也非常困難。因此，使用IoT、AI、機器人技術等先進技術輔助的智慧農業，正式啟動。

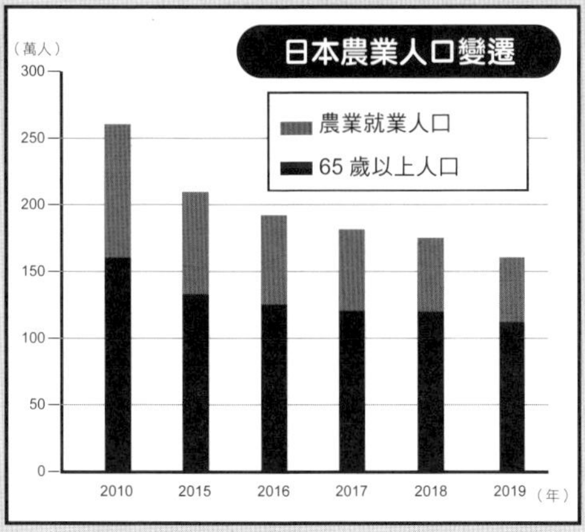

日本農業人口變遷
（萬人）
300
250
200
150
100
50
0
農業就業人口
65 歲以上人口
2010
2015
2016
2017
2018
2019
（年）

出處／根據農業勞動力相關統計（日本農林水產省）製表

農業智慧化的先進技術

ＡＩ與機器人輔助的農業技術

農業生產的勞動中較辛苦的就是採收作業。結實的作物如果不在適當時機採收就會壞掉。採收是必須在限定時間之內完成的工作。

此時能夠派上用場的就是正在推廣使用的採收機器人。過去也曾開發過不少能夠執行採收任務的機器人，直到在感測四周環境、影像辨識上導入ＡＩ，才能夠正確分辨出葉子遮住看不到的果實，或根據顏色些微差別正確採收成熟的果實。

照片裡的番茄採收機器人能夠以環狀摘取裝置，大約每六秒採收一顆番茄。熟練的人大致花二至三秒，因此人類採收一顆番茄的速度遠遠勝過機器人。不過機器人可以在人類睡覺的夜晚持續採收。

人類在ＡＩ、機器人的輔助下，能夠發揮最大力量，提升好幾倍的效率。

影像提供／PANASONIC（股）公司

▲使用專用的機械手臂，可避免採收時傷到果實。

特別專欄

也能檢查每顆果實是否美味

草莓和櫻桃可藉由顏色的細微改變判斷甜度與味道。

因此業者將顏色與味道的關係數據化，利用影像辨識技術，開發出能夠檢查每顆果實味道的技術。

過去的味覺感應器和人類吃東西時一樣，是必須把果實壓碎再檢測味道，但是這項新技術在檢查味道時不會傷到果實，是一大優點。

穿戴之後更輕鬆 推廣中的人機協同輔具

農務之中有許多工作需要耗費大量體力，裝滿作物的籃子重量甚至可達數十公斤。因此利用機器人技術的人機協同輔具受到矚目。

就像電動代步車一樣，人機協同輔具是利用馬達的力量配合人類動作提供幫助。不需用電，利用氣壓的方式，最高可協助搬起二十五公斤重物的省力輔具也已經開發出來。

這類輔具剛上市時的價格高達數十萬日圓，不過目前最新機種的價格已經降低至十萬日圓左右（大約新臺幣三萬元），希望能夠有更多的人採用。

影像提供／INNOPHYS 公司

▲最新型的重量已經減輕到四公斤以下。

利用先進技術把熟練的祕訣 傳承下去

資深農夫累積出的「經驗」和「直覺」，即使是下意識的勞動作業也都含有重要的技能。

因此，在容易管控環境的溫室環境裡，除了溫溼度之外，還要測量土壤水分、肥料，以及空氣中的二氧化碳含量，嘗試把所有的經驗數據化。

更進一步，使用捕捉人類眼睛動態的眼球追蹤技術，詳細記錄資深農夫採摘果實的瞬間看的是哪一個部分，分析直覺與經驗，將之數據化後，熟練的祕訣就能夠傳承下去。這樣的挑戰目前正在進行中。

▼年輕人和機器人也能夠運用熟練祕訣。

插圖／佐藤諭

智慧農業在未來將是這樣

能夠挑戰的農業 能夠永續的農業

農業後繼無人的情況越來越嚴重，發展智慧農業的話，擅長使用無人機、機器人、平板電腦和智慧型手機的年輕人，就能夠獲得挑戰這項產業的機會。

更進一步的來說，假如農務上的重體力勞動可以由機器人來幫忙承擔，上了年紀的農夫就能夠運用豐富的經驗，繼續從事最愛的農業工作。

插圖／佐藤諭

▲小孩或許也能勝任。

高樓大廈裡也能種植農作物

農業很容易受到天候等環境因素的影響，因此出現在建築物裡種植農作物的植物工廠。這樣的工廠使用LED照明代替陽光，以水耕方式栽培施肥取代土壤，溫溼度也能夠管理，因此無須看季節種菜。

利用感應器監測作物的生長，調整光照與肥料，優點是不但能夠種出品質穩定的蔬菜，而且因為是種植在室內環境，也無須擔心蟲害。

▼使用水管有效率的提供養分與水分。

影像提供／Borisshin

預測智慧農業創造的未來

在此之前，農業一直都有持續不斷的機械化，只是AI、ICT、機器人技術的發展更加促使自動化的進行，也使得農業輔具能夠更正確的發揮作用。

▲新技術使得今日仍然能夠生產出美味的作物。

使用無人機能夠從農地上空遙控監測，更容易掌握從地面上看不見的全貌，也能發現營養不足與病蟲害的發生。無人機是利用GPS精準飛行，可以只在需要的部分使用農藥或施肥，獲得與農地面積相對應的豐收。大型無人機製造商也推出農業專用無人機，在一般攝影機上加裝紅外線攝影等多功能光譜感應器，以及日照感應器，降低了智慧農業的入門門檻。

收成時，機器人也能夠派上用場，再加上汽車的自動駕駛發達，過去必須有人駕駛的大型農業機具，也開始朝自動化發展。農夫只要穿上省力輔具，原本繁重的勞動作業也能夠一下子輕鬆許多。

聽說地球總人口在二〇五〇年將會到達一百億，發展智慧農業，相信未來人人都能夠獲得溫飽。

特別專欄

即將到來的第六級產業

像農業這種利用大自然的產業稱為第一級產業，工廠等生產東西的是第二級產業，餐飲店等服務業是第三級產業。

第一級產業的農家使用生產的作物經營餐廳，提供美食；牧場利用取得的牛乳製成霜淇淋在門市販售，這些同時跨足一、二、三級產業的情況，稱為 1×2×3 也就是第六級產業。轉變成第六級產業後，生產者可以直接將商品送到消費者手上。這種提高生產者與作物品牌力的方法，也因此受到重視。

裝病藥丸

……
……
不行。
助跑一下吧。
預備！
※噠噠噠
不行。腳步就是跨不過去。
你到底在做什麼啊？

那個頑固的岩古爺爺……
說要開一間補習班，
願意免費教住在附近的小孩，所以媽媽很高興。
這樣當然不想去了。
哎呀，岩古先生，大雄受你照顧了……
咦？大雄還沒到貴府？
大雄！你還在拖拖拉拉做什麼？
有沒有什麼道具，可以讓我不用去？
沒辦法，只好拿那個出來。
快借我啊，快點。
還是算了。
為什麼？
我這麼困擾耶。
總覺得不該借你。
這是「裝病藥丸」。

未來生活夢想號Q&A

Q 以前的藥物是由植物製成。那麼製作阿斯匹靈的材料是什麼？①櫻花 ②欅木 ③柳樹

A ③柳樹。用來止痛或退燒的阿斯匹靈，是以柳樹萃取出的物質為主，合成製成的藥物。

倒也不是真的會生病，
但是看起來會像是生病了。
真是奇怪的藥。
未來世界玩醫生遊戲用的。
吃這個沒問題嗎？
雖然有人找我去打麻將……
但我不是很想去啊。
那就不要去吧？
要是不去的話，
會被他們說得很難聽。
說我每次都輸，輸不起就不去……
那就去啊。
去的話也只是輸啊……
我來幫你吧！
嘴巴張開。
張嘴
吞進！
感覺如何？
老公！
你怎麼了？整張臉都紅了。
怎麼了？

好燙！
怎麼突然發高燒呢？
這樣根本不是打麻將的時候。
我去打電話拒絕。
我沒事啊。
打擾了！
孩子們全都沒來！
到底是想不想讓我教啊？
真的很不好意思。
我是為了大家著想才想開補習班的。
如果會添麻煩，我就不開了。
怎麼會麻煩呢？
我馬上讓他過去。
大雄！
快點去補習班啊。
好好，現在正要出門。

未來生活夢想號Q&A

Q 配合個人體質進行的「個人化醫療」最需要什麼？①腦波 ②基因資料 ③X光片

A ②基因資料。調查基因可得知藥物的有效程度等資訊。

還能去哪裡啊！還不都是頑固爺爺做些多餘的事。
難得的星期天都泡湯了。
你不是也要去嗎？
我跟你們說……
……
咦？真的嗎？快給我們！
希望能夠順利生病。
如你所見，我們病得全身都在發抖。
生病的話就沒辦法了。
大家都很高興呢。
把我當成是救世主了。
那真是好了。
在樓上，快點快點。

未來生活夢想號Q&A

Q 史上首次解讀人類所有的核酸序列，花費了多久時間？①三個月 ②三年 ③十三年

※狼吞虎嚥

我帶醫生回來囉！
要趕快有生病的樣子啊！
你吃太多藥了啦!!
呀啊！
別說假病了，你變成假幽靈了。
看來要靜養一段時間喔。

A ③十三年。解讀所有核酸序列的「人類基因體計畫」始於一九九〇年，費時十三年才結束。

配合每個人體質進行治療將會成真？

有的藥有效，有的藥無效 藥物的效果因人而異

生病時，你是否曾遇到過吃了藥也不見起色的情況呢？即使服用同樣的藥物，有的人會很有效，相反的也有人會出現副作用。這是因為每個人的體質不同。身體會分解多餘的藥物成分排出體外；分解能力差，藥物成分停留在體內的時間越長，就會伴隨副作用的發生。就像這樣，因為個人分解藥物的能力不同，因此藥物對每個人的作用也不同。

插圖／佐藤諭

將來配合個人體質的「個人化醫療」將會成真？

「量身訂做」是在訂製衣服時會聽到的用語，你知道是什麼意思嗎？服裝店裡賣的成衣，是配合多數人的平均體型製作，而能夠配合每個人不同身形訂製的衣服，則稱為「量身訂做」。「個人化醫療」的概念就跟量身訂做衣服一樣，配合每個患者的體質進行治療或開立處方藥。

上醫院開藥

插圖／佐藤諭

時，拿到的藥物都是與現在有同樣症狀的患者相同；醫生在看過患者服藥後的狀況，才會調整分量或換藥。這種情況在衣服來說就是成衣。很多人服用同樣的藥物會有效，但也有人即使症狀相同，使用相同的治療方式或藥物卻無效，或是會發生副作用。假如事先知道患者的體質服用該藥物有效或無效，就能夠配合這個情況，從一開始就調整藥物分量開立處方。

未來準備發展成配合每個人的體質換藥、調整藥量的個人化醫療。掌握關鍵的就是「基因體」與「基因」（關於這些內容將在下一頁介紹）。

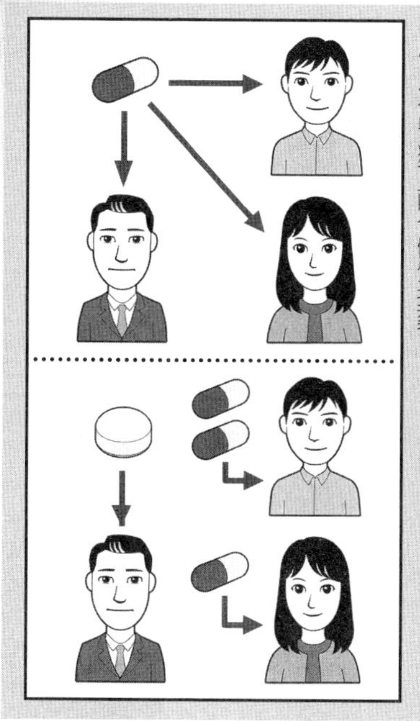

▲個人化醫療可配合體質換藥。

插圖／加藤貴夫

個人化醫療實現後的各種優點

個人化醫療一旦實現，就能夠配合病患的體質用藥，優點是能夠更快治好疾病，或是減少副作用的發生。疾病及早痊癒，就能夠及早返回公司或學校，副作用少也能夠減少對身體的負擔。

除了對患者本人有好處之外，也能夠減少身邊照顧的家人的負擔。另外，日本目前社會整體的醫療費用偏高，一旦個人化醫療能夠實現，用藥量減少，醫療費用也就能夠降低。

特別專欄

客製化？量身訂做？

日本人經常說「order made（客製化、訂製）」這個名詞，事實上這是日本人自己創造的日式英文，同樣的意思在英文裡使用的是「taylormade」。taylor 指的是裁縫店的裁縫，taylormade 則是指在裁縫店量身訂做的衣服。

個人化醫療在日本之外稱為 taylormade 醫療（日本也有人這麼說），除此之外還有「個別化醫療」等稱呼。

個人化醫療的關鍵是「基因體」

三十億個字母寫成的生命設計圖全部裝在細胞核

造成體質不同的主要原因之一是基因。人體絕大多數的細胞都有細胞核，裡頭有長得像細長繩索的DNA（去氧核糖核酸）。基因就刻在這個DNA上。DNA是由腺嘌呤（adenine，A）、胸腺嘧啶（thymine，T）、鳥嘌呤（guanine，G）、胞嘧啶（cytosine，C）這四種鹼基所形成。

DNA裡總共有三十億個A、T、G、C，這四個字母乍看之下很散亂，事實上鹼基排列的部分就是製造蛋白質的暗號，這個暗號就是「基因」。所有DNA與基因資訊全部整合之後就是「基因體」。

蛋白質是打造身體的根本，也以酶的形式使體內容易發生各種反應。我們想要健康，就必須讓蛋白質適當的作用在需要的地方。

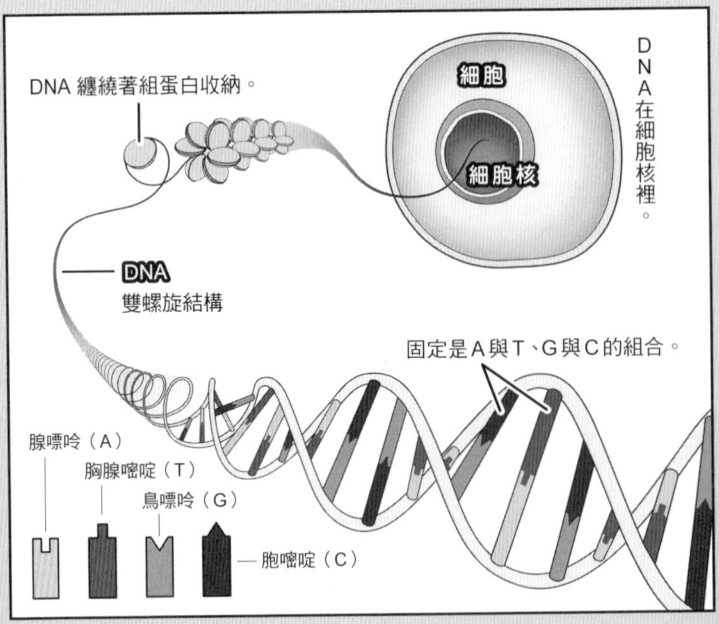

DNA在細胞核裡。
細胞
細胞核
DNA 纏繞著組蛋白收納。
DNA
雙螺旋結構
固定是A與T、G與C的組合。
腺嘌呤（A）
胸腺嘧啶（T）
鳥嘌呤（G）
胞嘧啶（C）

插圖／加藤貴夫

基因體資訊的些微不同就會影響到體質

基因體資訊因人而異，除了同卵雙胞胎之外，沒有人的DNA核酸序列完全相同。這種差異也影響到每個人的體質。

在核酸序列之中，也有某個單一鹼基不同的情況，像這樣稱為「單核苷酸多型性（SNP，Single-Nucleotide Polymorphism）」的位置大約有三百萬處，佔所有核酸序列的百分之〇點一。基因資訊只是有一點點不同，形成的蛋白質功能就會變得有點差，或者有時還會失去作用。也有反過來是作用太強烈的例子。藥物的效用之所以因人而異，其實也是因為分解藥物成分的蛋白質作用方式的不同。

插圖／佐藤諭

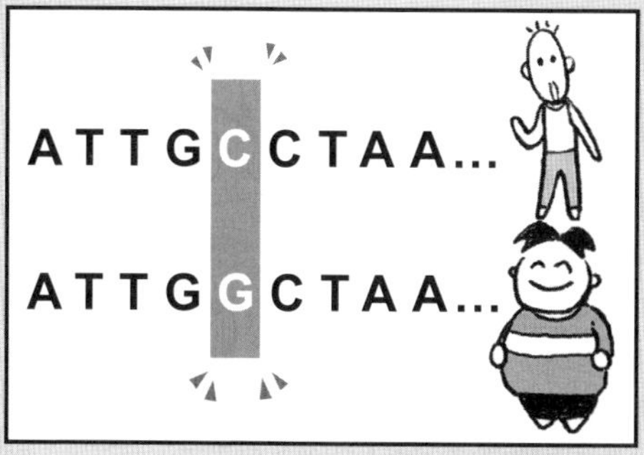

ATTGCCTAA...
ATTGGCTAA...

▲一個字母的不同，就影響到體質的不同。

了解基因與疾病的關係需要很多人的資訊

有些疾病只因為一個基因的變異就會發病，不過通常會發病還是與多個基因有關。糖尿病、高血壓等文明病不但與多個基因有關，也與飲食、運動等外在環境有關係。

為了能了解疾病與哪些基因、環境有關，必須收集許多人的資訊。在日本有BioBank Japan、東北 Medical Megabank 等公司，調查並保管了大量DNA、疾病資訊等數據資料。以這些為基礎，就能夠進行各式各樣疾病與基因相關的研究。

特別專欄

一個人的體質並非全由基因決定

有些身體的特質像血型一樣，主要取決於遺傳。但另一方面，個子高矮胖瘦也受到營養狀態等環境因素的影響。因此並非全由遺傳決定的體質還是比較多。

插圖／佐藤諭

未來將利用基因體資訊製藥與治療？

發展基因體的讀取技術 實現個人化醫療

想要讀取核酸序列，需要先把DNA細切，再讀取每塊碎片的核酸序列，利用電腦接合碎片的資訊，過程就像在玩拼圖。

最早能夠讀取人類的基因體是在大約二十年前，當時只能將切細的DNA一段段讀取。現在已經能夠同時讀取幾千萬至幾億的碎片，耗時幾天就能夠讀取一個人的序列。個人化醫療之所以看到實現的曙光，也要多虧讀取技術的發展。

插圖／加藤貴夫

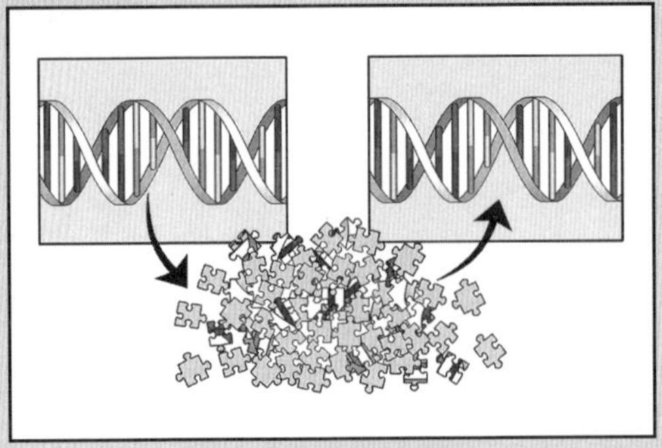

利用基因體資訊 製作新藥

了解人類基因體的資訊之後，就能夠根據致病原因的基因等資訊製藥。這種製藥方式稱為「藥物基因體學」。過去的製藥方式多半是仰賴巧合或經驗，十分耗時也耗成本。藥物基因體學因為目標明確，能夠減少實驗失敗，就能夠縮短製藥時間。也能降低開發成本。

另外，因為是根據基因資訊製藥，副作用相對較少。未來更可能根據每個人的基因體資訊，配合個人體質與狀態製藥。期待量身訂製藥品時代的到來。

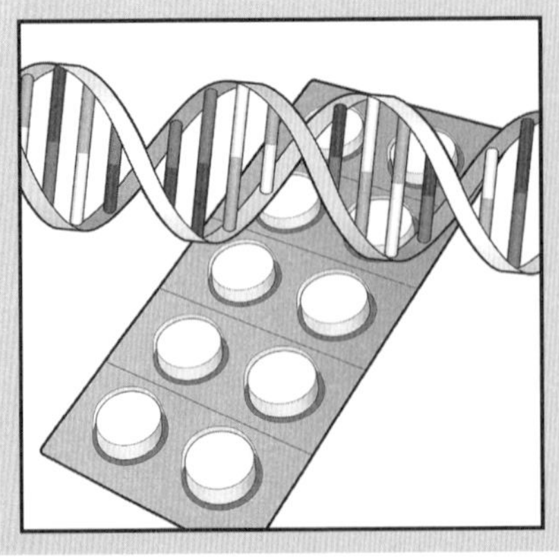

插圖／加藤貴夫

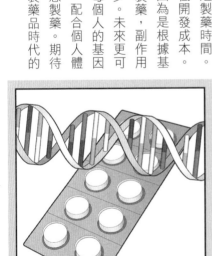

因癌症治療而逐步實現的個人化醫療

一般細胞分裂幾次之後就會死亡，但癌症細胞即使分裂多次，也不會死亡，反而持續增加。原因就在於基因突變，幾個基因發生突變，就會產生癌症。目前正在根據癌症相關基因資訊製作治療藥物。另外，調查患者的癌症細胞基因，根據得到的資訊決定治療方向的「癌症精準醫療」也已經啟動。日本現在正在為此做準備，挑選進行癌症精準醫療的醫院等。

特別專欄

癌症的名稱即將改變？

現在癌症的名稱是根據器官部位來稱呼，例如：「肺癌」、「胃癌」等。考慮到今後將針對基因進行治療，一般認為有可能根據致病基因重新分類。

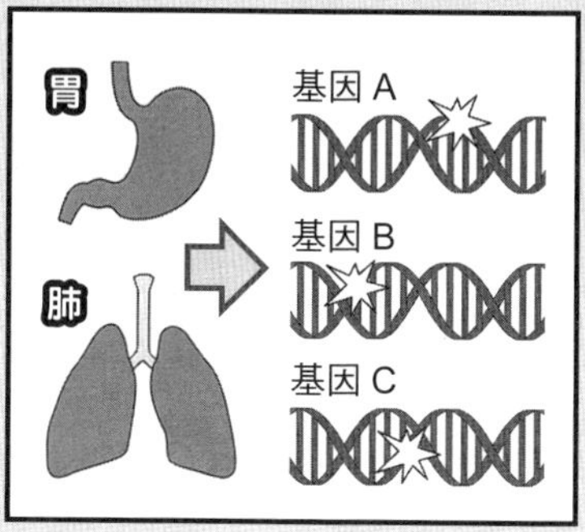

插圖／加藤貴夫

分析每個人的基因體就能夠預防疾病？

分析基因資訊比過去便宜且省時，因此也出現了個人基因檢測的服務。檢測基因雖然能夠告訴我們將來可能容易罹患何種疾病，但是目前這類檢查有部分的科學根據仍然過於薄弱、缺乏可信度，必須小心。

不過，未來每個人的基因體資訊，或許會在健康管理與疾病治療等方面成為不可或缺的要素吧。也許不久的將來，我們就能夠在藥局買到，針對不同基因類型而有不同效果的成藥。

特別專欄

根據基因檢查結果切除健康乳房

美國女星安潔麗娜·裘莉在 2013 年接受基因檢查之後，發現將來罹患遺傳性乳癌的機率高達 87%，因此他預防性的切除了尚未罹癌的乳房，這件事情在當時引起很大的話題。

裘莉在 2015 年也同樣為了預防癌症，再次接受手術摘除了健康的卵巢和輸卵管。

騎乘獨角獸

靜香畫得好好喔。
會嗎？
長角的馬好奇怪喔。
什麼？
那是獨角獸啦。
你居然連獨角獸都不知道！
獨、獨角獸我當然知道！
我還養了一隻獨角獸，
常常騎著牠到處玩呢。

未來生活夢想號Q&A

Q 全世界製造最多基因改造作物的是美國。這是真的嗎？

騎著玩？在哪裡騎啊？
上次在非洲騎的啊。
我也想騎騎看。
我幫你拜託哆啦A夢看看。
真的嗎!?你敢不敢跟我賭一百拳!?
你很煩耶，賭就賭。
雖然不知道那種動物在哪裡，
不過只要有「任意門」的話……
大雄。
獨角獸是人們幻想的動物，不存在於這個世界，過去沒有、未來也沒有。
啊，我想起來了。
哆啦A夢不在家。
你們來玩啊，歡迎、歡迎。
他說要騎獨角獸。
好啊。
真的嗎!?

A 真的。第一名是美國，第二名是巴西，第三名是阿根廷，都是位在美洲大陸上的國家。

※咚

※咻～

※嗡～

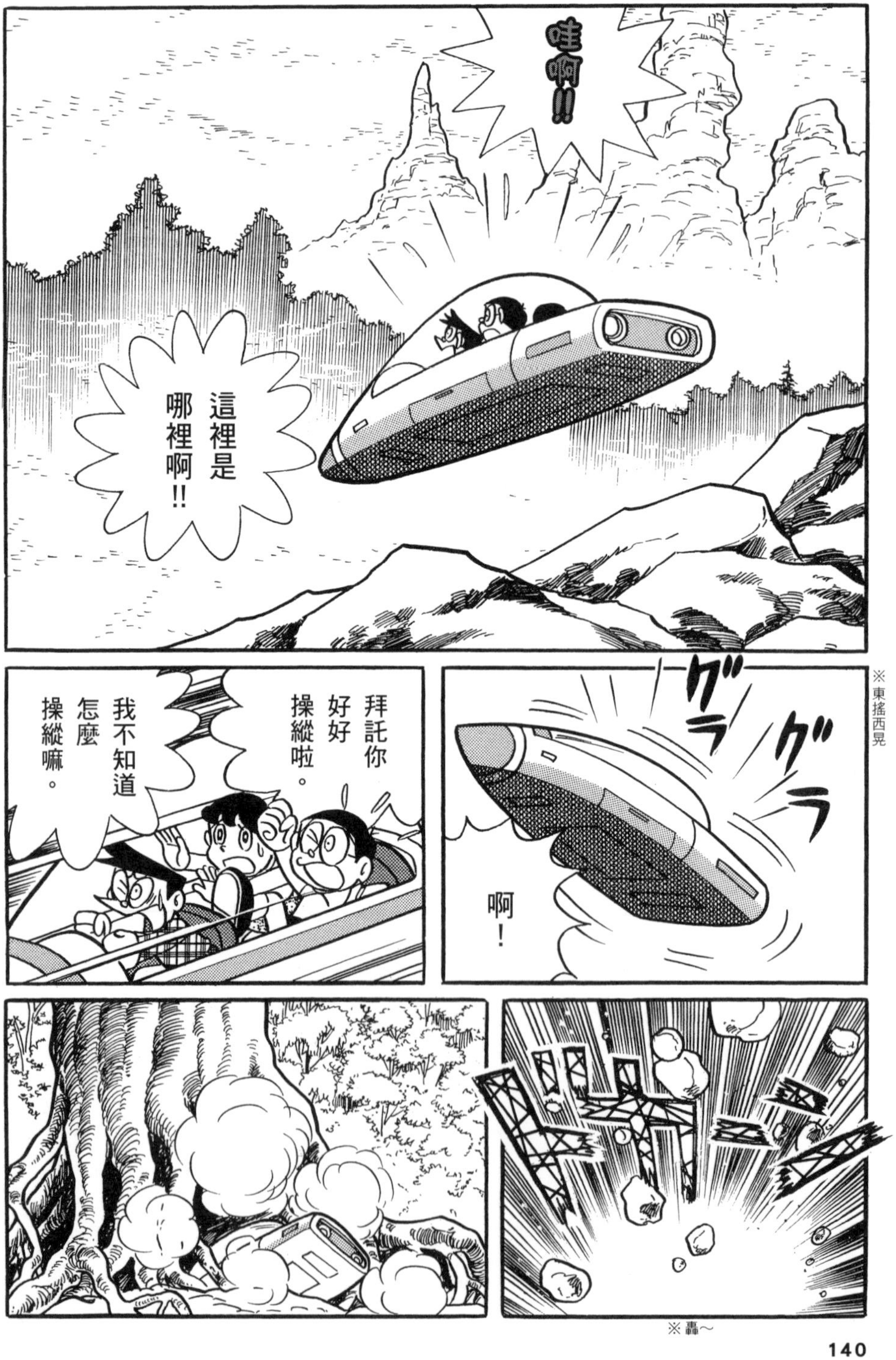
哇啊!!
這裡是哪裡啊!!
グラグラ
※東搖西晃
啊!
拜託你好好操縱啦。
我不知道怎麼操縱嘛。
※轟~

沒事吧？
船都被撞壞了。
這裡的景色我從來沒看過。
能確定的是這裡一定不是非洲。
カッポ
カッポ
カッポ
カッポ
カッポ
※喀噠

※喀噠、喀噠、喀噠

嘶嘶
嘶——
獨角獸!!
真的有耶。
這怎麼可能!?怎麼可能!?
我懂了!!這是拍特攝電影用的布偶。
有人藏在裡面,哪個地方一定有拉鍊……
找不到……
對了,我懂了!現在是在夢裡。
你們使勁打我,我就會醒了。
可以嗎?
還沒醒。
再用力一點。

Q
日本的基因改造作物只用於研究,沒有當作商業栽培。這是真的嗎?

A 假的。玫瑰花的栽種上，有利用基因改造技術製造出來的藍色玫瑰。

未來生活夢想號Q&A

Q 馬鈴薯有毒。這是真的嗎？

謝謝。
如果現在不是在夢裡，
那麼這裡究竟是什麼世界呢？
救命啊!!
他在那裡！
我去救他。
大雄你會游泳嗎？
糟了!!
妳不要說就好了嘛。
啊，那是？

A 真的。多半在芽眼和變成綠色的部分。目前正在利用基因編輯開發無毒的馬鈴薯。

※嘩拉
ザザザー
哇！是龍!!
這一定也是機器。
那你去找出按鈕來啊。
嚇得暈過去了。

※嘎嗶
※倒
クニャ~
不可以嚇到客人。
回池子裡去!!
哆啦A夢!
誰叫你們亂來,自己跑來這裡。

這座動物園規定不可以下車的。
這裡是二十二世紀的幻想動物探險公園。
以人工方式製造出幻想的動物並予以飼養。
製造？
那麼果然是機器人囉？
不是的，從以前人類就會製造動物，將山豬改良成飼養豬，將鮒魚改良成金魚……
現在只要藉由基因控制，就能輕易製造出這些動物。人魚是由海牛變化而來，妖精是由蝴蝶…獨角獸則是以馬跟山羊組合而成。

未來生活夢想號Q&A

Q 鯖魚罐頭的鯖魚其實是凶猛的魚種。這是真的嗎？

A 真的。鯖魚的攻擊性太強，甚至無法人工養殖。目前正在研究利用基因編輯抑制其攻擊性。

※啪嗒

基因編輯究竟在做什麼？

自從揭開決定生物特徵的遺傳規則與基因的存在之後，科學家開始利用各式各樣的方法尋找變更基因資訊的可能性。

基因工程中最先進的基因編輯技術，在於只鎖定基因體中某個部分進行重點改造。特別是珍妮弗・杜德納（Jennifer Anne Doudna）教授與埃馬紐埃爾・夏彭蒂耶（Emmanuelle Charpentier）教授於二〇一二年發表、利用CRISPR/Cas9的方法，效率佳且運用範圍廣，因此才發表不久就廣為全世界所採用，這是基因編輯最具代表性的技術。

CRISPR/Cas9系統原本是細菌所擁有、能夠對抗外來入侵的免疫系統，具有能夠切斷入侵病毒DNA，避免病毒在體內作亂的功能。

先利用嚮導RNA辨識目標序列，再利用這個切斷DNA的功能，就能夠編輯鎖定的部分。

現在正在發展的應用方式是只把基因的目標部分切斷，修復則交給大自然。修復時會發生某些錯誤引起突變，但這項變異與大自然中發生的突變並無不同。

仰賴過去的經驗也經常順其自然的品種改良，因為人類了解了基因體的詳細構造，所以能夠生產出更想要的作物，並省去無謂的浪費。

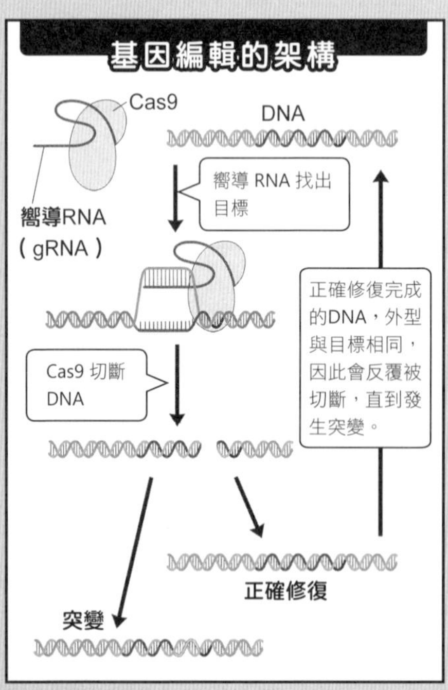
基因編輯的架構
Cas9
DNA
嚮導RNA
(gRNA)
嚮導 RNA 找出目標
Cas9 切斷 DNA
正確修復完成的DNA，外型與目標相同，因此會反覆被切斷，直到發生突變。
正確修復
突變

插圖／加藤貴夫

基因改造技術製造出大自然不會發生的變化

創造新品種的作物，稱為育種。

相同種類的作物進行人工交配、強化優點的方法，在品種改良上已經施行很長一段時間。可交配的相近品種人工交配或突變，有時會產生全新的品種。在大自然裡，相近種類生物交配產生新特徵的情況鮮少發生，但時間一久還是會出現這樣的變化。

插圖／佐藤諭

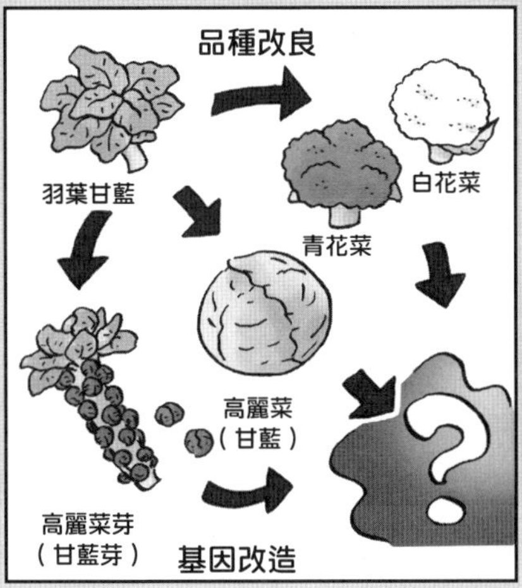
品種改良
白花菜
羽葉甘藍
青花菜
高麗菜（甘藍）
高麗菜芽（甘藍芽）
基因改造

▲或許會創造出全新的作物。

反觀基因的改造技術，則是超越了大自然的限制，可以從完全不同種類的生物身上取得所需特性的基因植入，就能夠讓動植物出現新特徵。

全世界製造出的基因改造作物

使用基因改造技術開發的作物，具有耐病蟲害、產量多等容易栽種的特性。因此，以南北美洲為中心，印度、中國、南非等地也都跟進。目前，整個地球的基改作物耕地面積大約有兩百萬平方公里，大約是日本國土面積的五倍。地球的農地有超過百分之十都在種植基因改造作物。

日本不允許栽種基因改造作物，但主要進口大豆、玉米、棉花、油菜籽等飼料用、加工用的作物，而光是通過食品安全檢查的，也有八種作物、超過三百二十個品種能夠進口，是世界數一數二的進口國。

使用的國家
沒有使用的國家

使用基因改造作物的國家

創造出不存在生物的基因工程成果

前所未有的螢光絲綢問世

生產蠶絲的蠶經過人類數百年的飼養，生態已經被詳細解開，對於基因改造技術的研究也很有幫助。

二〇〇〇年利用維多利亞管水母的綠色螢光蛋白進行基因改造，成功製造出身體會發光的蠶。接著在二〇〇八年，分析蠶的基因體，成功使得蠶生產的蠶絲也會發出螢光，製作出照射藍光或紫外線就會發出綠光的絲綢。現在也把珊瑚的螢光蛋白植入，成功製造出不同螢光色的蠶絲。

影像提供／日本農研機構

▲螢光綠色與螢光橘色蠶絲的蠶繭。

切了也不會流淚的洋蔥問世

「好侍食品」調理包的咖哩研究人員，解開了洋蔥釋出催淚物質的原因。發現只要抑制LFS這種催淚因子合成酶的作用，就能開發出不辣也不流淚的洋蔥。不過，辛辣成分一旦減少，洋蔥就很容易被害蟲吃掉，恐怕無法順利栽種成熟。研究人員持續以基因改造技術打造出LFS不起作用的洋蔥，並且確定可以栽種繁殖。

事實上以這項研究為基礎，不使用基因改造技術創造出的不流淚洋蔥已經可以買到。

插圖／佐藤諭

▲ 不流淚，煮菜更安全。

魚類和肉類更容易養殖而且更美味

魚類雖然會大量產卵，但是鮪魚、鮭魚等我們身邊常見的魚種，據說能順利長到成魚的機率不到百分之〇點一，而且品種改良上遲遲沒有進展。

日本京都大學與近畿大學共同研究出肉質肥厚的真鯛，就是利用基因體編輯抑制特定機能的「基因敲落（gene knockdown）」方法，抑制肌肉生長抑制素基因，因而成功培育出可食用部分比原先多一點二倍、充滿肌肉的真鯛。

肉質肥厚的真鯛因為筋少、身體柔軟，因此比起做成生魚片，用烤的或紅燒的更加美味。

特別專欄

外觀與味道完全不同

目前利用在番茄裡植入牛肉的蛋白質「肌紅素」，開發出有牛排味的番茄。

雖然生吃感覺很奇怪，不過做成沙拉或加入料理中，或許討厭吃蔬菜的人也會喜歡。

基因編輯的廣泛應用，可幫助實現各種過去無法實現的點子。

利用基因編輯發展生質燃料技術

早期的生質燃料是利用農作物製造乙醇等燃料，而最適合當作原料的作物，就是基因改造成耐病蟲害且產量高的玉米。

但是，用來當作生質燃料的作物增加太多，當作食物的作物減少，導致原物料價格高漲。因此，第二代生質燃料開發出以廢棄食用油等廢棄物當作原料，製作生質燃料的技術。

最近受到矚目的是利用海水擬球藻等藻類（浮游植物）製作的生質燃料。這種藻類具有製造脂質的特性，目前也已經成功利用基因編輯，提高它的生長速度與製造脂質的能力。

電動車的E級方程式賽車也是使用藻類的生質燃料發電。

▼細微藻類海水擬球藻的一種。

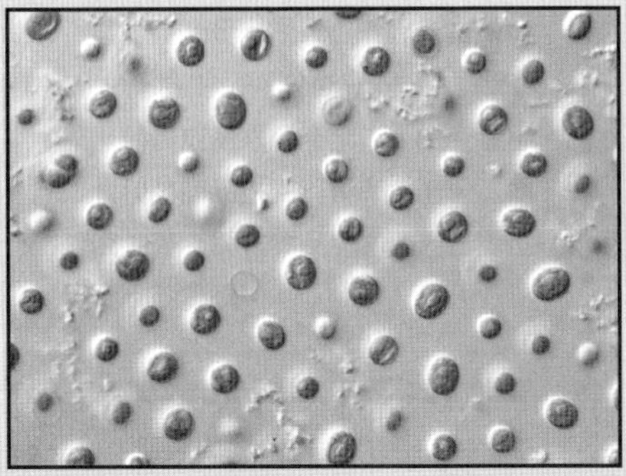

影像提供／CSIRO

持續開發中的第二代基因改造作物

早期的基因改造作物，開發目的都是為了能夠耐病蟲害與提高收成量，而現今的開發目的則都是希望增加對消費者來說有更多好處的新機能，稱為第二代基因改造作物。

舉例來說，目前正在開發一種米，希望吃了之後能夠預防花粉症。在米裡植入引起花粉症的部分過敏原，期待食用一段時間之後，就不易引起過敏反應。

其他還有讓作物含有許多容易攝取不足的維生素與鐵質等營養素，或是富含有助於預防文明病的油酸（單不飽和脂肪酸）和多酚等。有許多可能性都在討論中。

至於第三代基因改造作物，正在著手進行研究的是有助於改善地球整體環境的基因改造作物。例如：利用作物吸收並回收蔓延開的公害物質、以耐環境變化的作物推動沙漠綠化等。

插圖／佐藤諭

主要的第2代基因改造作物

強化營養素

- 黃金米
- 黃金米2（有高含量維生素A的稻子）
- 維生素E強化大豆
- 高含量油酸大豆
- 高含量花色素苷番茄

附加改善症狀效果

- 杉樹花粉米（預防花粉症）
- 富含鐵質改善貧血米
- 不易罹患糖尿病米

強化保存

- Arctic Apples（不易變色蘋果）

提高安全性 追求可安心使用的技術

在基因技術方面最簡單且發展速度最快的，就是以CRISPR/Cas9為首的基因編輯技術，不過這仍然是新技術，而且也有缺點。

舉例來說，如果切斷的位置與目標位置不同，就會變成截然不同的結果，有發生脫靶變異（off-target）的風險，而且一旦基因編輯開始進行，就不能中途停止；萬一發現了錯誤，也沒辦法中途修正。

因此相關的開發研究正朝向更正確且安全的全新使用方式，例如：讓Cas9具有能確認目標位置的功能，當作基因切斷機能上的開關等。

插圖／佐藤諭

▲以安全的技術打造安心的三餐。

基因編輯技術與生物多樣性

基因技術擁有各種可能性，但是新技術的使用必須謹慎。《生物多樣性公約卡塔赫納生物安全議定書》是規範基因改造生物相關事宜的國際公約，希望具有強烈特徵的生物在大自然裡不會帶來不良影響。

生活在地球上的眾多生物，是在大約三十八億年的歷史中，成功跨越多次大滅絕危機存活下來的後代。維護生物的多樣性，等於是保護人類尚未全數搞懂的各種生存方法，也是在保護眾多生命能夠繼續存活的地球。

特別專欄

有機會見到滅絕生物與想像中的生物？

電影《侏儸紀公園》系列的劇情講述利用基因技術，從DNA資訊促使恐龍復活。

能夠見到早已滅絕的古代生物，是許多人的夢想。

基因編輯技術有可能實現這個夢想。只要這項技術在未來持續安全發展，將來某一天或許就會出現漫畫裡的獨角獸或人魚等想像中的生物。

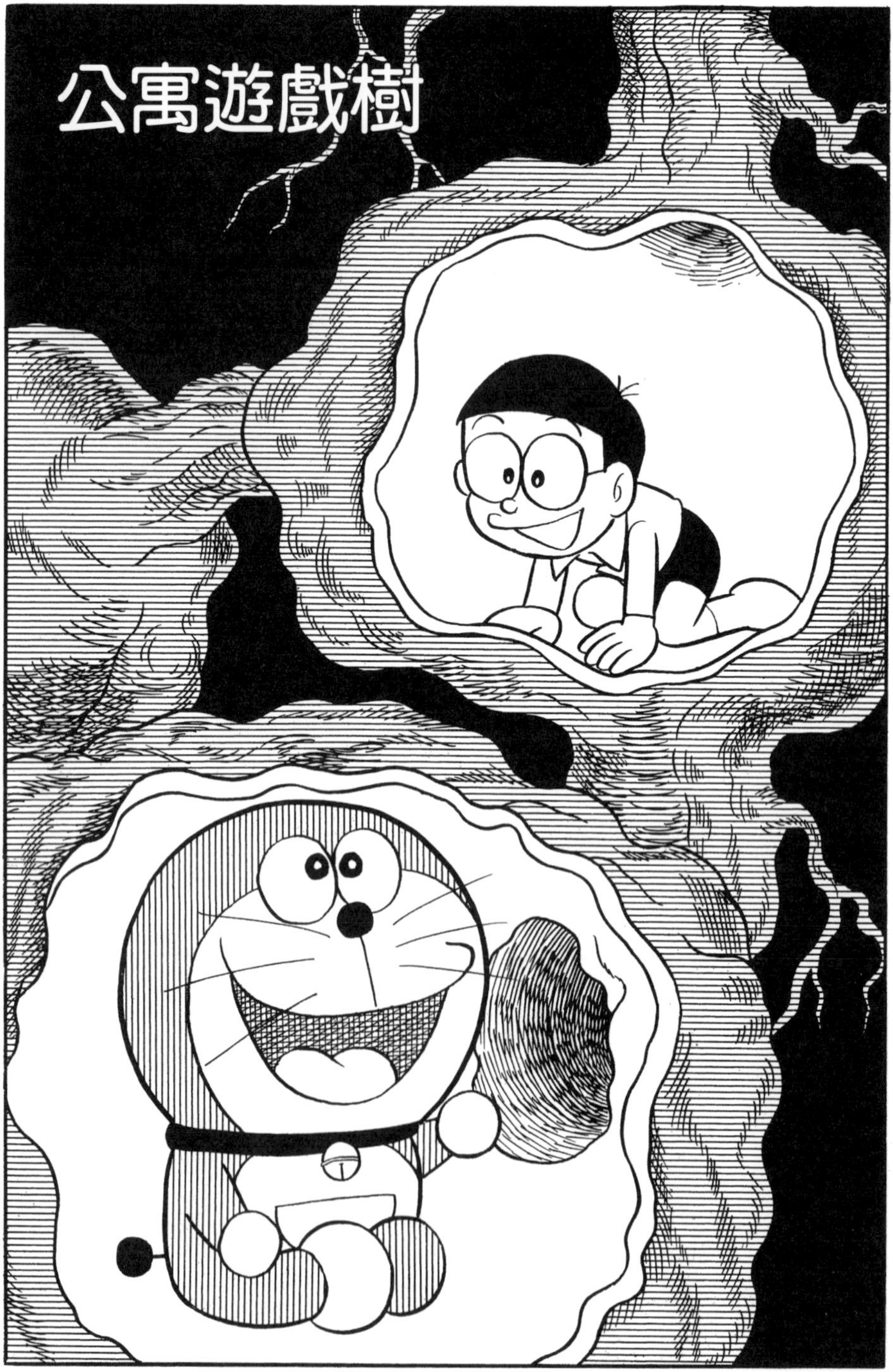
公寓遊戲樹

※扭打
要打鬧就到外面去。
要回去啦？
再見。
大雄，你這孩子真是的。又把東西丟了一地！
快給我收拾乾淨。
我才不做這種白費力氣的事。
反正一下子又會弄亂了，乾脆這樣放著，不要收拾……
好啦！我馬上收拾嘛！

Q 日本每人用完即丟的塑膠垃圾量是世界第幾名？①第一名 ②第二名 ③第五名

哪有人趴著吃東西的？
每件事情都要嘮叨。
我到外面去好了。
把這個東西送到五郎家去。
五郎是我的堂哥。
因為唸大學的關係，現在自己在外面租公寓。
是嬸嬸做給我的豆沙飯糰啊？謝啦。
你的房間還真亂耶。雖然我是不介意啦。
昨晚朋友來這裡玩，我們鬧了一整個晚上。
哈欠～
現在還是很想睡。

※狼吞虎嚥

不可以趴著吃東西啦！
別那麼死板嘛。
終於睡夠了，去看電影好了。
可以那麼輕鬆真好……
也不會有人碎碎唸。
對了，我們也離家去租公寓吧！
你在說什麼啊？
你還是個小學生而已。
我已經下定決心了。
被罵得好慘喔！
那是當然的啊。
不過……我還是沒辦法死心……
…………

A ②第二名。根據聯合國環境計畫報告書（二〇一八年），日本的製造量約三十二公斤，僅次於美國，位居第二。

那就用那個試試看好了。
雖然是小孩子的遊戲道具。
「公寓遊戲樹」。
我也是第一次使用，得看一下說明書才行。
「首先，先種下樹苗」。
上面寫著「樹苗長得很快，十分鐘就會變成公寓」。
真的嗎？
※增生、增生
十分鐘了。
這就是公寓？
※咚
樹幹是空心的耶！
哇啊。

未來生活夢想號Q&A

Q 聽說有一種一加熱螺紋就會消失、方便拆卸的塑膠螺絲。這是真的嗎？

A

真的。這種螺絲使用的是記憶塑膠。適用於家電產品與IT機械，可以使拆解作業變輕鬆。

Q 手術用的縫合線使用的是生質塑膠。這是真的嗎？

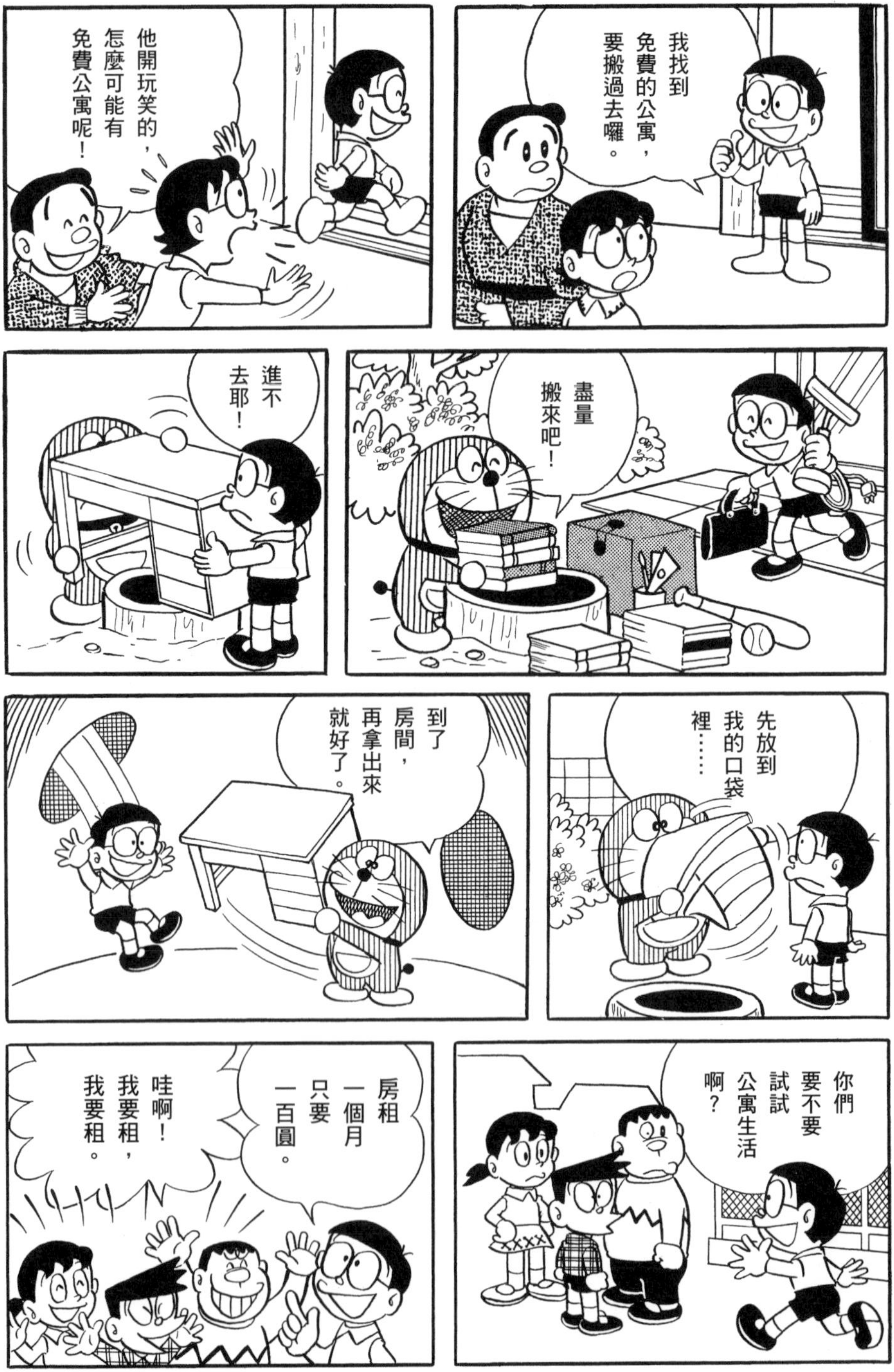

不管有多少行李都放得進去。
溜到裡面去！
有很多房間喔！
可以選自己喜歡的。
胖虎
大雄
小夫
靜香
這個房間很大，就當做大家共用的遊戲間吧！
餐廳
這樣就可以徹夜玩鬧了！
廁所

A 真的。縫合後會慢慢分解，所以不必拆線。骨折時固定骨頭的骨釘也使用生質塑膠。

※ 喧嘩吵鬧

來吧！可以盡情吵鬧，盡情嬉戲。
大雄，吃飯了！
到底跑到哪裡去了啊？
奇怪，這裡怎麼會有聲音……
大雄，吃飯了！
是媽媽。
媽媽，我現在已經搬到這裡來了。
你再這樣亂說話，媽媽要生氣囉！
晚上最好還是回家去吧！
要是讓爸媽生氣，也不太好。
明天見囉！
拜拜。

天亮了，再到公寓去吧！
奇怪？
說明書上寫說「公寓遊戲樹一個晚上就會腐朽，全部埋到土裡面去。」
埋起來了。
把我的沙發和電視挖出來！
還有我的鋼琴也是。

生活中隨處可見的塑膠是什麼？

日常生活不可或缺的方便材料——塑膠

我們的日常生活中許多東西都有使用塑膠，包括日用品、食品容器、文具、家電產品等等，要舉例也舉不完。還有很多東西過去是以木頭、紙、金屬、玻璃等製作，現在改為塑膠製。例如：紙袋變成塑膠袋、果汁玻璃瓶變成寶特瓶。為什麼塑膠的使用會如此氾濫，因為以材料來說，塑膠重量輕、價格低、方便大量生產、方便存放、防水不會腐爛等，優點非常多。

▲陳列在日用品貨架上的塑膠製品。

塑膠的主要原料是石油產製出的乙烯、丙烯、苯等化學物質所合成。以乙烯為例，如下圖所示，乙烯是由碳和氫連在一起所組成的小分子，而將這些小分子連結在一起變成長鏈（高分子）的話，就是塑膠袋的原料聚乙烯（PE）。同樣的，連結成鎖鏈狀的丙烯變成聚丙烯（PP），苯乙烯變成聚苯乙烯（PS）（「聚」是「很多」的意思）。聚丙烯常用於便當、等外帶容器；聚苯乙烯常用於CD盒。

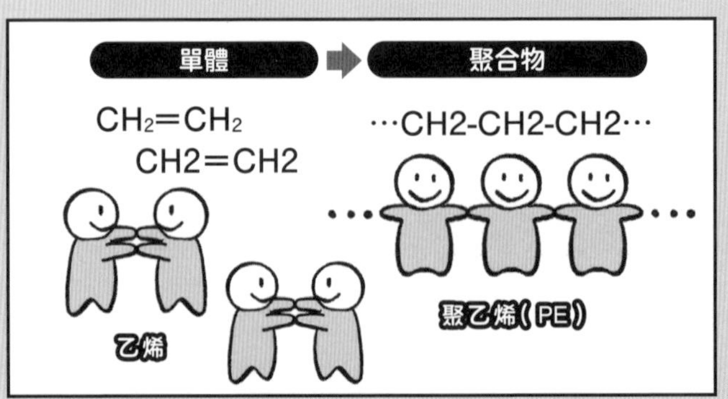
單體
聚合物
$CH_2=CH_2$
CH2=CH2
…CH2-CH2-CH2…
乙烯
聚乙烯(PE)

▲塑膠是小分子（單體）經由化學合成連接成的鏈狀聚合物。

插圖／佐藤諭

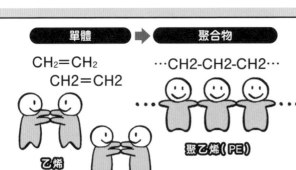

所有東西都使用塑膠

人類第一次製造的塑膠，是十九世紀後期問世的賽璐珞（硝化纖維素），撞球用的球、眼鏡的鏡框、鋼筆的筆軸等都是使用這種塑膠。但是因為賽璐珞容易著火，所以現在幾乎不再使用。

出處／PlasticsEurope 資料

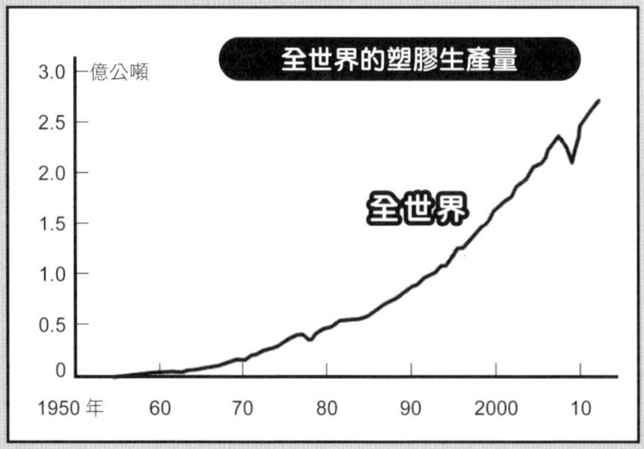

全世界的塑膠生產量
億公噸
3.0
2.5
2.0
1.5
1.0
0.5
0
全世界
1950 年
60
70
80
90
2000
10

▲一年的塑膠產量是三億公噸以上。

進入二十世紀發明了電木（酚醛樹脂），塑膠時代才正式起步。聚氯乙烯（PVC）、聚胺酯（PU）等新塑膠一個接著一個發明，到了二十世紀後半，隨著石化工業的發展，開始利用石油合成出各式各樣的塑膠。

一九五〇年代的塑膠產量很少，到現在全世界一年的產量超過三億公噸，日本人每人每年的塑膠消耗量也超過七十公斤。在我們身邊常見的四大常用塑膠是聚乙烯（PE）、聚丙烯（PP）、聚氯乙烯（PVC）、聚苯乙烯（PS）。大量使用在食品與日常用品的容器、包材等，耐熱程度大約在攝氏一百度。耐熱程度比這些更高的是聚醯胺（PA）、聚甲醛（POM）等工程塑膠，這類塑膠的耐熱性高，同時也提升了強度，再加上重量輕、價格低等，目前已用來取代金屬零件，也用在家電產品或汽車零件上。

特別專欄

塑膠的分辨方式

塑膠產品看起來都一樣，但其實各有各的性質，必須配合目的挑選使用。同樣是超市熟食區的食物容器，標示「可微波加熱」的是聚丙烯（PP），標示「不可微波使用」的則是聚苯乙烯（PS）。

裝熱水的泡麵容器使用保麗龍（發泡聚苯乙烯）可防止拿起來太燙。有些透明塑膠只要折一折就能夠分辨；聚苯乙烯（PS）、壓克力樹脂會斷裂，聚對苯二甲酸乙二酯（PET）和硬性聚氯乙烯（PVC）則是折凹的地方會變白。

能夠回歸大自然的生物可分解塑膠

塑膠垃圾是地球環境的重大問題

塑膠製品具有能夠低價大量生產，而且不易分解等出色的特性，卻也因此成為很難處理的廢棄物之一。而且塑膠大多數都是由石油提煉製成，焚化處理就會增加大氣中的二氧化碳。另外，石油是會耗盡的資源，無法源源不絕的使用。面對這些垃圾問題、環境問題、資源問題，我們不禁要開始審視今日過度依賴塑膠的生活方式。

▼日本的生物可降解塑膠（右）、生質塑膠（左）認證標章

影像提供／日本生物塑膠協會

另一方面，人們也開始催生新的塑膠，減少對環境的破壞。目前市面上有兩種環保塑膠，一種是利用微生物進行分解，最後將變成水與二氧化碳的「生物可降解塑膠（biodegradable plastic）」，另外一種則是以可再生生物基質（生基質）當作原料，避免大氣中的二氧化碳濃度上升的「生質塑膠（biomass plastic）」。結合了這兩種環保塑料優點的塑膠，則稱為「生質基生物降解塑膠（bioplastic）」。

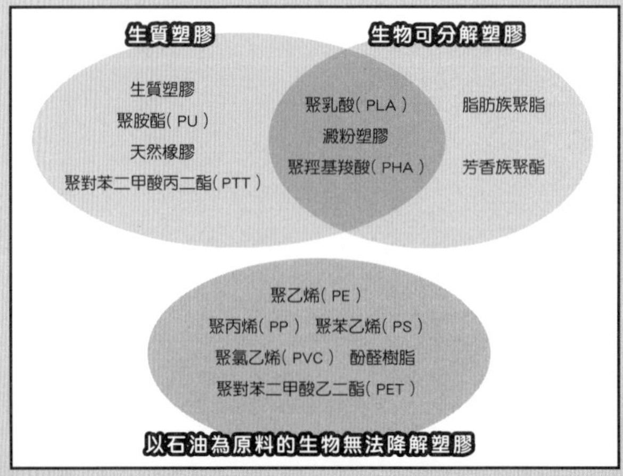
生質塑膠
生物可分解塑膠
生質塑膠
聚胺酯（PU）
天然橡膠
聚對苯二甲酸丙二酯（PTT）
聚乳酸（PLA）
澱粉塑膠
聚羥基羧酸（PHA）
脂肪族聚酯
芳香族聚酯
聚乙烯（PE）
聚丙烯（PP）　聚苯乙烯（PS）
聚氯乙烯（PVC）　酚醛樹脂
聚對苯二甲酸乙二酯（PET）
以石油為原料的生物無法降解塑膠

◀塑膠的分類。上半部是生質塑膠

影像提供／日本生物塑膠協會

利用大自然的力量分解塑膠

　　變成垃圾的塑膠因為數量龐大到很佔地方等原因，成為廢棄物處理上的很大負擔。掩埋或隨意棄置在大自然裡會一直留在原地無法分解，造成環境問題。

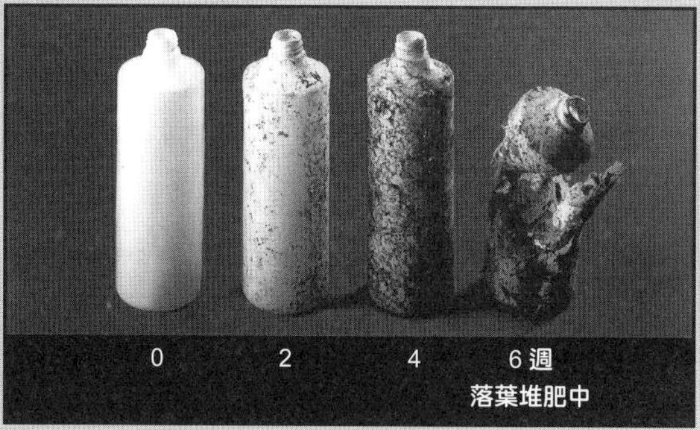

▲生物可降解塑膠的生物降解模樣。

　　一般來說，自然界裡的細菌和真菌等微生物，會把化合物分解成無機物，稱為「生物降解」。容易因為這個作用降解成水和二氧化碳的塑膠，稱為「生物可降解塑膠」。生物可降解塑膠雖然解決了垃圾問題，但相對的也因為降解速度快，限制了用途。

比方說，食品包裝、免洗餐具、垃圾袋等丟棄之後，最好能夠立刻生物降解；但是沙漠綠化事業等使用的保水用塑膠布若無法長期使用，就派不上用場。

　　另外，在高溫高溼環境裡促進分解的堆肥設備、在一般土壤或水裡等不同環境棲息的微生物種類與密度也不同，因此容易降解的生物可降解塑膠的種類也不同。舉例來說，塑膠在海洋垃圾中是很大的問題，但即使是生物可降解塑膠，也只有極少部分容易在水裡降解。一般人熟悉的聚乳酸（PLA）在水裡並不容易降解。並非只要使用生物可降解塑膠就沒問題了。

特別事欄

吃寶特瓶的細菌

　　果汁和茶飲等飲料常用的塑膠包材原料之一「聚對苯二甲酸乙二酯（PET）」是非常穩定的物質，以往幾乎沒聽說有任何微生物能分解PET。但是在日本發現了把PET當成養分來源的細菌，全球研究人員都感到非常驚訝，這種細菌叫「大阪堺菌」。在日本大阪堺市的寶特瓶處理工廠發現，這種細菌會釋出兩種特殊的酶，確定能夠分解PET。據說厚度0.2公釐的PET經過約一個月就會分解成二氧化碳和水。

來自可再生資源的塑膠

塑膠垃圾是地球環境的重大問題

如同一六八頁介紹過的，以可再生生物基質（生基質）取得的物質為主要原料，再經由化學或生物學合成的塑膠，稱為「生質塑膠」。相對於生物可分解塑膠是「可回歸大自然的生物塑膠」，生質塑膠則是「來自生物的生物塑膠」。當然並非所有生質塑膠都具有生物可降解的特性，生物可降解塑膠也不是全部都由生質材料製成。

影像提供／日本中央化學公司

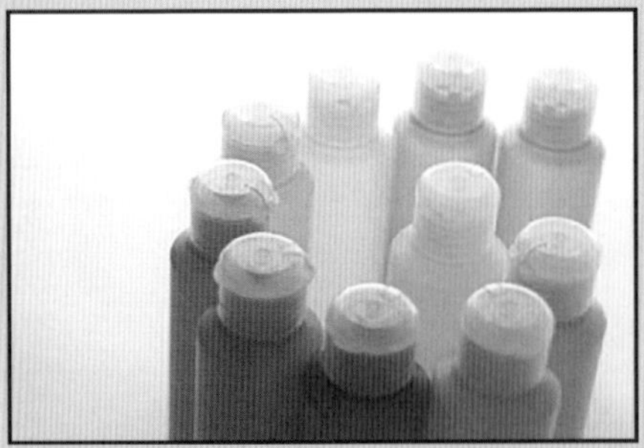

▲這些塑膠瓶的原料是玉米。

生物基質的意思是來自生物的有機資源，具體來說就是活著的動植物或遺骸、排泄物、採收獲得的農林水產品等等。除此之外還加上廢棄食物、稻草等農作物不能食用的部分、廢棄木材等。生質原料的特徵是少量分布在各地，很難有效率的收集資源。另外，利用玉米等食物也可能佔用糧食資源。到底該如何有效利用未被利用的生質資源，將是今後的課題。

合成生物基質製成生質塑膠，有生物學的方式與化學的方式這兩種。生物合成法是讓微生物替我們製造塑膠。有微生物能夠在體內生產並儲存塑膠原料，而利用這種作用就是生物學的方式，其中一種聚酯——聚羥基羧酸（PHA）就是這樣製造。至於化學合成法，做法與傳統方式差不多，差別只在於原料是有機資源不是石油。例如：聚乙烯（PE）能夠用甘蔗製造。從生產砂糖過程剩下的液體提煉出乙醇，製作乙烯，連結成鏈狀就是聚乙烯（PE）。同樣的，利用玉米或地瓜類的澱粉發酵取得的乳酸，也能製造聚乳酸（PLA）。

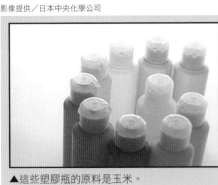

不會增加大氣中二氧化碳的生質塑膠

石油製的塑膠使用完畢後焚化，就會導致大氣中的二氧化碳增加；而生質塑膠的製作原料為碳，碳是植物使用大氣中的二氧化碳進行光合作用產生。因此，生質塑膠在使用完後焚化，將二氧化碳排放至大氣中只是回到原點而已，並不會提高整體二氧化碳的濃度（碳中和）。而且PHA和PLA還是生物可降解塑膠，不焚化也會在自然環境中分解成二氧化碳和水。生質塑膠不僅能夠節省石油資源，而且很環保。

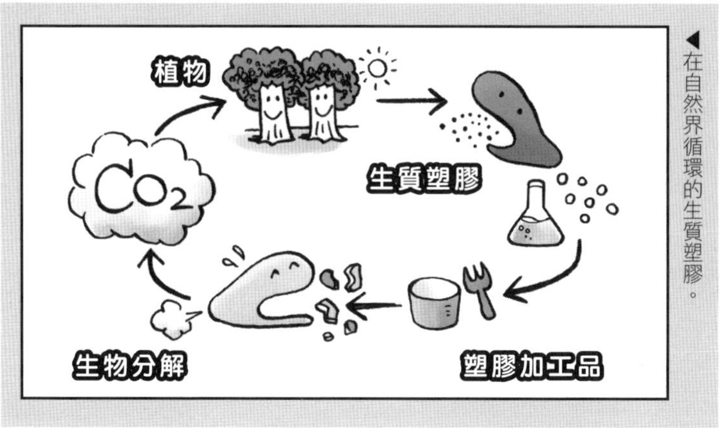

◀在自然界循環的生質塑膠。

插圖／佐藤諭

因為生物技術的進步，有不少原本以石油製造的塑膠，都已經能夠改為使用生質原料製造。不過現在生質塑膠的市場佔有率在整體塑膠市場中只佔了不到百分之一，期待今後能夠更加普及。

特別專欄

辦公室自動化機器、電器也使用生物塑膠

生物塑膠使用最普及的是在農用塑膠布。農用塑膠布是用來罩著農地調節土壤溫度、保水、防止雜草與害蟲，過去在農作物採收之後，就會全數回收焚毀，但是生物可分解塑膠製的塑膠布能夠自然分解，幫助節省農業勞動力。

在文具方面，生質塑膠列入綠色採購法特殊採購品項的對象之後，也在逐漸普及，用來做成透明文件夾、尺等商品。而且生物塑膠的耐熱性、耐用性等都在持續改善中，電器與辦公室自動化機器也開始採用生物塑膠。

影像提供／PIXTA

塑膠能夠解決環境問題？

第二次世界大戰結束至今已經過了大約半個世紀，塑膠在我們日常生活中的各種場合被廣泛利用，我們身邊充滿便利、便宜又堅固的塑膠製品。另一方面，大量的塑膠垃圾引發嚴重的環境問題，尤其最近特別受到重視的是塑膠微粒。民眾擔心塑膠因為水流或紫外線等影響分解成細小碎片，存在於環境中的微小塑膠顆粒，累積在海洋生物體內，最後會影響到人體健康。

◀塑膠垃圾造成的海洋汙染。

另一方面，為了解決這類問題，民眾開始改用紙袋代替塑膠袋、改用紙製吸管代替塑膠吸管，過起「減塑生活」。但是塑膠真的是大壞蛋嗎？最重要的難道不是仔細檢視各自的優缺點並適材適用嗎？以塑膠代替木頭和紙能夠保護森林；用重量輕的塑膠代替沉重的金屬能夠節省能源；用生質原料製造塑膠，能夠抑制二氧化碳增加，減緩地球暖化，適當的使用塑膠，生活或許會更環保。對於人類的未來而言，塑膠也擔任解決環境問題的重要角色，這點請各位別忘了。

特別專欄

塑膠製品的回收

世界塑膠產量逐年增加，回收再利用的數量卻不多。過去日本把塑膠垃圾當成資源，出口到國外去，不願面對這個問題。但是近年來，原本接收日本大量塑膠垃圾的中國禁止進口，其他亞洲國家也都設下進口門檻，今後日本將認真採取回收再利用的方式減少塑膠垃圾量，因此需要訂定塑膠的詳細分類方法與適當的回收方式。

迷你實物大百科

所謂的早餐，是指早上吃的飯吧？
嗯。
午餐是中午吃的，晚餐則是晚上吃吧？
嗯。
那麼，日蝕就是指一整天都在吃囉？
※咚
日蝕啊…是指明明是白天，太陽卻出現陰影，導致天空變暗的現象。
啊啊…那個我知道！
真是不可思議。
太陽缺少的那部分，到底消失去哪了呢？
這是太陽。
這是地球和月球……
月
地球
太陽
月球進入太陽與地球之間，就會產生陰影。
這就是日蝕!!

Q 能夠觀察、分析、操控原子和分子等極小物質的技術，稱為迷你科技。這是真的嗎？

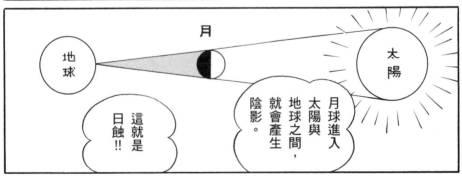

真奇怪……
月球比太陽小很多吧？
日蝕應該是這樣才對。
有不懂的事……
就去查百科全書!!
就是因為嫌麻煩，才問的嘛……
哆啦A夢你知道嗎？
「迷你實物大百科」。
迷你實物大百科
這個嘛……
查百科太麻煩了……
查這個一點也不麻煩喔。
迷你實物大百科
按下
「日蝕」。
迷你實物大百科

A 假的。稱為奈米科技。奈米的語源在拉丁文與希臘文是「侏儒」的意思。

Q 奈米是一公尺（一米）的幾分之一？①十分之一 ②一萬分之一 ③十億分之一

我有個非常想查的東西。
不能拿來隨便亂玩喔。
是動物學的問題。
「獅子」。
吼～
「老虎」。
嘎啊～
老虎和獅子，哪個比較強呢？
我不要借給你了!!
哎呀～真是傷腦筋。
吸塵器壞掉了。
有人會修嗎？

A ③十億分之一。這是把一公分（一釐米）分成一千段之後，把其中一段再分成一千段，其中一段的長度。

媽媽想要查吸塵器。
是媽媽要用的喔。
「吸塵器」。
※吸～
跟真的沒兩樣。
慢慢用吧。
用完就還我吧。
媽媽在用啊。
真是傷腦筋，我得出門了。
不要趁我不在時，隨便胡鬧喔！
因為每次借你道具，都沒好下場。
越聽越覺得生氣!!

未來生活夢想號Q&A

Q 不管多小的物質，只要準備高倍率光學顯微鏡就能夠看到。這是真的嗎？

A 假的。物質一旦變得非常小，就無法利用光學顯微鏡這種藉由光看到的方法觀察。

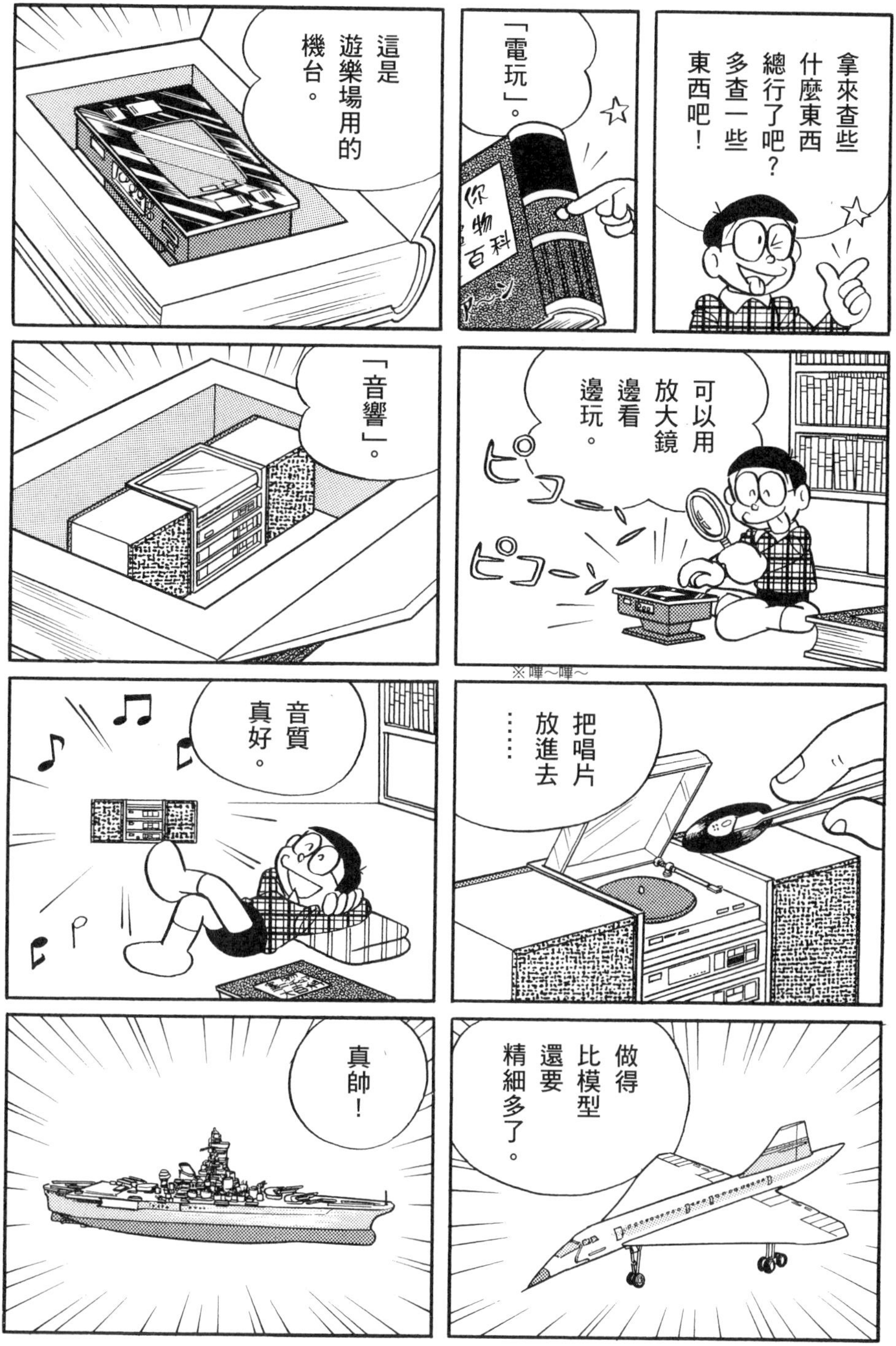

Q 即使同樣是原子構成，只要原子的排序不同，物質的性質就會不同。這是真的嗎？

那樣太麻煩了，乾脆查「點心」吧，說不定會一次都出來呢！
「點心」。
※轟~
出現「火災」了。
發音不對啊。
「消防車」！
所以我才討厭查百科全書啊。

A 真的。比方說，鉛筆的筆芯與鑽石同樣是由碳原子所構成，性質卻截然不同。

※日文中的「點心」與「火災」發音近似。

刷新常識的超微米科技

「奈米科技」是什麼樣的技術？

小到與構成物質的分子差不多的大小，稱為「奈米」。以奈米規模調查或操控物質，產生新物質或結構的技術正在持續發展，稱為奈米科技。

◀「1奈米（nm）」相當於把我們的地球縮小至直徑一公尺時，在縮小地球上一枚一元硬幣的直徑。

插圖／佐藤諭

奈米與公釐、公分一樣是長度單位，比方說，一奈米表示「一公尺的十億分之一長」。這個長度實在太小，所以很難想像。假設我們用縮小燈把地球縮小成直徑一公尺，掉在這顆迷你地球上日本群島某處的一元硬幣，直徑長度就相當於一奈米。

即使照光，一般光線（可視光）也能夠直接通過，所以無法利用光觀察。肉眼就別說了，就算是使用光學顯微鏡也無法看到。直到一九八二年有人發明出「掃描穿隧顯微鏡（STM）」這種特殊的機械，我們才得以看到奈米世界的影像，進而衍生出各式各樣的研究與技術。

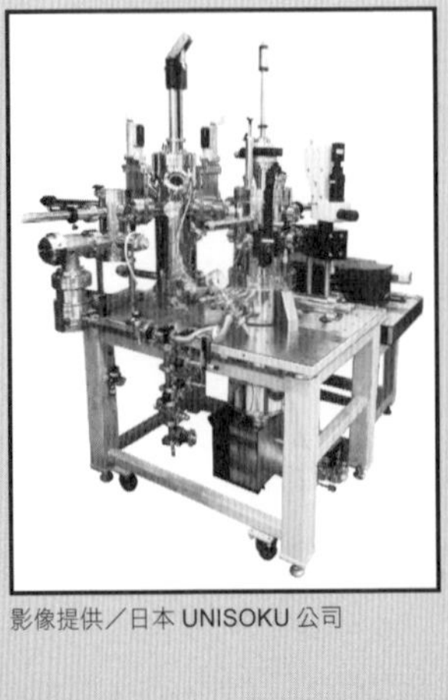

◀具備掃描穿隧顯微鏡（STM）功能的裝置。STM的開發者在一九八六年獲得諾貝爾獎。同一年，日本UNISOKU公司也推出日本產的STM，帶動奈米科技的急速發展。

影像提供／日本 UNISOKU 公司

插圖／加藤貴夫

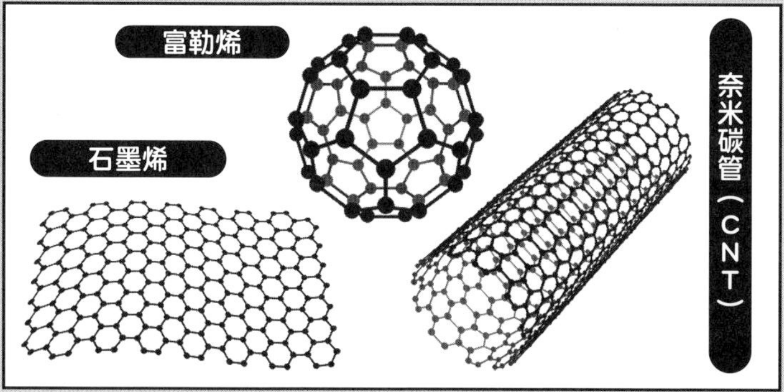

前所未有的新素材與塗裝問世

利用奈米科技從分子規模觀察、分析、操控物質，就能夠打造出過去想像不到的新物質。最具代表性的例子就是由日本研究人員所發明的奈米碳管（簡稱CNT）。

CNT是筒狀的結晶，由碳原子排列成漂亮的網格構成，禁得起拉扯，強度是鋼的二十倍；導熱快，是銅的十倍；容易導電，是銅的一千倍，是相當強韌又輕巧的物質。

奈米碳管雖然與鉛筆芯同樣是碳原子構成，但是碳原子的排列方式影響到物質的性質大不相同。

接著，石墨烯這個物質也是因為奈米科技而發明。石墨烯是金屬網狀的碳結晶，這項發明也獲得二〇一〇年的諾貝爾獎。石墨烯很薄且容易導電，期待將來能夠用來開發出尋找體內病毒的感測器等器材。

除了碳之外，還有把各種物質控制在奈米規模的結晶材料也陸續出現。過去難以想像的小尺寸發電機、電池等也在日常生活中開始使用。只要一噴上去就能夠強力防水的塗裝材料等，能夠在物質表面發揮作用的技術也持續增加中。

特別專欄

體積小，所以使用要小心

奈米科技陸續催生出前所未有的材料與物質。另一方面，這類極小物質對人體健康影響的爭議也甚囂塵上。例如抽痰時發現了引起肺癌的危險物質，這些物質極小，很輕易就會進入體內，因此有必要先研究其危險性並擬定使用規範。

如何善用奈米科技，以及其帶來的好處，不只是科學家需要關心，也需要社會全體的參與。

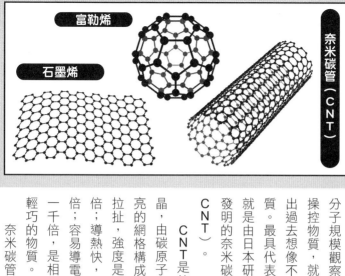

電腦變得更小、功能更強也更節能

奈米科技使我們能夠製造出小巧精密的產品，正好適合發展電子器材。電腦與機器人需要的零件縮小的話，除了能夠縮小機器外型，即使是同樣大小也能夠擁有更高的性能。而且零件變小之後，零件耗費的電力大致上也會跟著減少。比方說，用來感應機械傾斜方向的感應器、振動裝置變小的話，需要這些零件的各類機器也能跟著縮小、節省能源。

這類高性能又省電的微型零件稱為MEMS，這是Microelectromechanical Systems 的縮寫，意思是「微機電系統」。與集結小螺絲釘、彈簧等零件組成的「精密機械」不同，MEMS多半無須組裝就能夠發揮機械的作用。各位只要想像在螺絲釘大小的微型零件上有馬達或感應器功能，應該就能理解了。

MEMS已經運用在高性能IoT、機器人、個人化醫療、自動駕駛車等各方面，也是我們每天使用的智慧型手機與平板電腦不可或缺的零件。今後，像自動駕駛車和機器人這類使用許多感應器、通訊系統的機械將會越來越多，MEMS的存在一定也會變得理所當然。

影像提供／多摩川精機公司

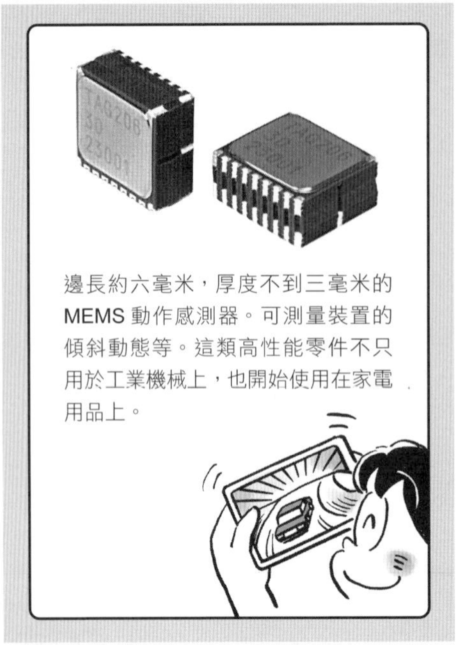

邊長約六毫米，厚度不到三毫米的MEMS 動作感測器。可測量裝置的傾斜動態等。這類高性能零件不只用於工業機械上，也開始使用在家電用品上。

插圖／佐藤諭

隨時隨地都可使用 未來的機器不需要電池？

感應器和零件越來越小、越來越省電，接下來受到矚目的就是隨處都能製造少量電力的奈米發電技術。

例如：以貼在皮膚上的貼片式發電機利用體溫生電，或是把薄型發電機夾在鞋底，就能夠靠步行的晃動生電。不可能發生在大型發電機上卻可以把周遭環境的小小能源變成電力的技術，正在發展中。

目前各種奈米發電機的發電量少，甚至不太能打開手電筒。不過電器消耗的電力也減少了，這些微量電力就足夠提供給只需要幾分鐘收發一次數據資料的即時通訊機器，或是只需要緊急時傳送求救信號的通報裝置等使用。一聽到維持基本生活與安全的機械不需要插頭也不需要電池，真是令人安心。

奈米發電機繼續發展下去，或許有一天我們身邊的家電產品都不需要充電器，也不需要插頭，隨時隨地都能自在使用。

持續成長的奈米發電技術

●目前正在發展將身邊的微量能源轉化成小小電力的技術。

雨天也能用的太陽能板。加裝能夠利用落下的雨滴發電的裝置，幾乎一整年都能夠發電。

地面發電。在地面下埋設利用壓力變化發電的小型裝置，能夠把人走路的振動變成電力。

利用周遭聲音與人聲產生的空氣振動來發電並驅動小型機械的技術，也正在實現。

利用人的體溫與環境的溫度差發電。目前正在開發無需電池也能持續發揮功能的智慧型手錶。

插圖／佐藤諭

已經來臨的「奈米科技未來」

醫療與飲食等日常生活也出現變化

如米粒般大小的醫生機器人進入體內為我們診斷、看病，這種宛如哆啦A夢祕密道具的奈米機器，或許真有實現的一天。

DDS（藥物傳遞系統）是一種在體內運送服下的藥物，讓藥物作用在有效地方的控制機制。研發人員期待將來能夠應用這項新技術在治療癌症上。

把藥物送到癌組織的奈米機器雖然稱為「機器」，卻不是機械設備，而是包裹藥劑的球狀膜。這個膜的尺寸與性質經過縝密的設計與控制，因此能夠順著血管巡迴全身，只深入癌細胞存在的組織釋出溶解的藥劑。

未來除了送藥之外，也希望研發出更複雜且高性能的奈米機器，用來取得資訊做診斷，並根據診斷結果施行多種因應對策。自己的體內就囊括了醫院的功能，這樣的時代或許有一天會到來。

我們平常吃進嘴裡的食物，也因為奈米科技開始出現很大的變化。具抗菌作用的包裝與容器使得食品得以長期保存。

不僅如此，還有能夠更正確分析人類感覺到的味道與氣味的「人工舌」、把材料濃縮成微小尺寸仍能有效吸收的健康補給食品等等。研究人員們十分關心這些技術對人體的影響，同時也仍持續進行各種開發。

把藥物送到癌組織的奈米機器。穿過癌組織附近形成的血管孔洞，利用越靠近癌細胞、酸性越強的特性釋出藥劑。這樣一來不僅治療效果好，也能夠減少藥物副作用，因此很令人期待這項技術成真。

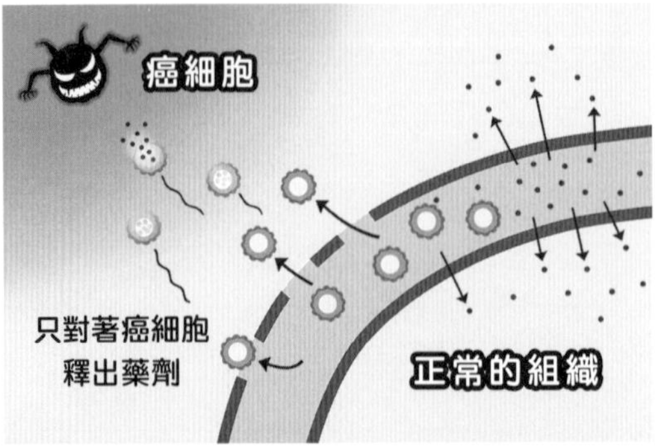

插圖／加藤貴夫

解決重大的地球問題所不可或缺的技術

奈米科技主導的是小到眼睛看不見的世界，而且或許會大幅改變地球的未來。

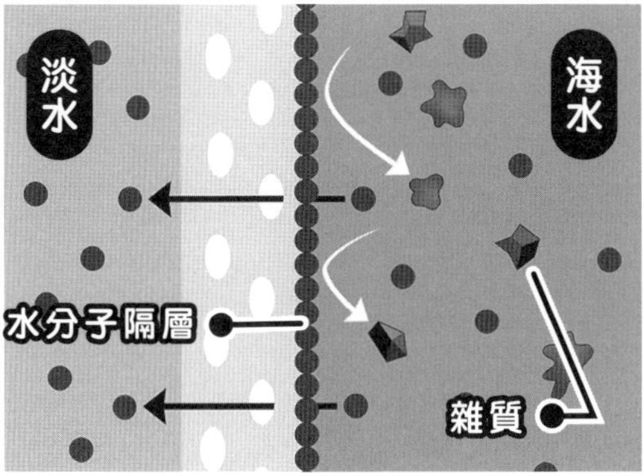

逆滲透膜（中間的分割線）可阻擋水中雜質，只讓水分子通過。這時用奈米碳製成的膜在表面形成水分子隔層，就能夠發揮效果，避免雜質塞滿膜孔或破壞膜。這項發明可以讓海水變成淡水的過程更加容易。

插圖／加藤貴夫

舉例來說，世界各國的水資源問題。日本因為雨量豐沛，食物也多半從其他國家進口，所以一般人不太容易有感覺，但是確保每日的生活有水（淡水）可用，卻是現在地球上所有人類頭痛的問題。

因此使用特殊膜過濾的方法（逆滲透膜法），以裝置過濾海水與含有過多礦物質的地下水越來越普及。但是這個裝置在過濾海水時經常被細小雜質與有機物塞住微細膜孔，必須定期更換，所以很花錢。

在這種情況下，日本發明奈米碳管的研究團隊與企業合作，開發出使用奈米科技的新型逆滲透膜，因而受到矚目。這個奈米碳逆滲透膜，能夠在膜的表面打造一層分子規模的薄水層，防止雜質與有機物附著在膜上。這項技術普遍之後，今後各地保護淡水資源的負擔也會減輕。

除此之外，還有利用奈米科技減少二氧化碳排放量、解決地球暖化的研究，以及開發新材料對抗塑膠垃圾問題的研究。

現在科學家們仍在不斷的研究，希望自由操控比奈米科技更小的世界，解決地球上的各種問題。

收集各種最先進研究並持續進化，這也是奈米科技有趣的地方。

颱風收集器與風藏庫

ゴオー
ビュウ
※轟～咻～
風力漸漸增強了！
ガタガタ
ギシ
好可怕喔！我們早點睡吧！
グラ
※嘎嘰嘎嘰
你要去哪裡啊？
去把「颱風收集器」架設起來。
颱風的能量可是相當驚人，與核彈爆發不相上下。
如果讓它白白走掉，實在太可惜了。
就算只收集一部分，也有相當多的用途喔。
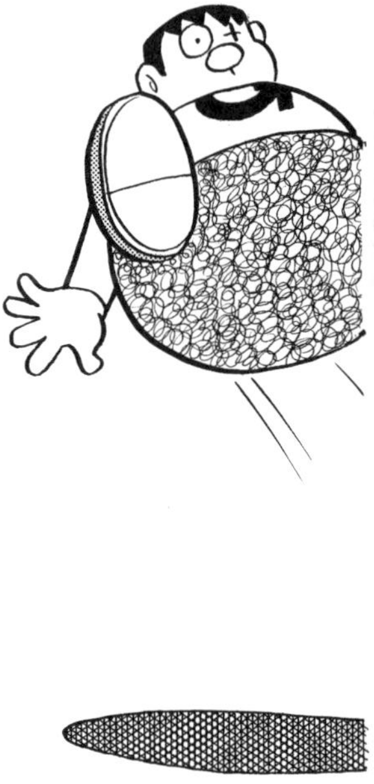

※轟～
風好強！我快被吹走了。
「颱風收集器」與「風藏庫」。
※啵
先把颱風的部分風力收集起來。
到明天早上應該可以收集不少吧？
※颯颯颯

Q 聽說在日本，以讚岐烏龍麵聞名的香川縣使用烏龍麵發電。這是真的嗎？

A 真的。香川縣使用烏龍麵製作過程中產生的邊邊角角等「廢棄烏龍麵」製造甲烷氣體發電。

哎呀！傷腦筋……
洗衣機好像故障了！
※嗡～
這樣應該就夠了……
交給我吧。
※啵～
動了耶！
※喀噠、喀噠
真糟糕！吹風機不會動了。
我來幫爸爸吧！
※轟～

叫你別亂動！看吧！
你真是一個冒失鬼、迷糊蛋、笨手笨腳的⋯
ムカ
※惱羞成怒
少囉嗦！你這個圓呼呼的胖狸貓!!
看我怎麼教訓你！
プッ
※吹～
這麼小也想嚇我？
ドダ
※砰咚
グルグル
※轉、轉
竟敢這樣對我！
ゴオ
※轟～
你把管子開太大了啦！

※砰咚
ドダ
太棒了！
我有颱風鎧甲了。
ゴオ
※轟～
給胖虎和小夫一點顏色瞧瞧。
ゴオ
ゴオ
※轟～轟～
我不會讓你這麼做的!!
抄近路趕過去，
通知大家。
你現在最好趕快逃走。
你叫我躲大雄？有沒有搞錯啊？
我看你是說反了吧？
小夫!!
大雄!!

未來生活夢想號Q&A

Q 為了進行高效率的太陽能發電，日本計畫將太陽能板設置在太空裡。這是真的嗎？

A 真的。JAXA等在研究開發比在地面上進行的太陽能發電效率更好的「太空太陽能發電系統」。

※砰咚
※攻擊
啊哈哈哈~
憑大雄那傢伙？我胖虎有可能怕他嗎？
什麼!?
他有這麼厲害嗎？
我也沒辦法啊！
根本接近不了他。
「颱風圖」。
你拿著這個，邊觀察颱風的動向邊逃吧。
不妙！颱風朝這裡來了!!
祝你平安。

躲在水泥管裡面吧。
說到胖虎的避難所啊……
應該是空地的水泥管吧。
糟了！他朝著這裡前進了！
ゴオ
※轟～
ゴオ
※轟～
※磅
逃也沒用啦！
我會追你到天涯海角的。
ゴオ
ゴオ
※轟～轟～
嗨，大雄。
妳好。

這本書很有趣喔。
真的嗎？借我看！
呀啊!!
啊…
我的書!!
大雄你一靠近，書就飛走了啦！
!?
總覺得風力好像漸漸減弱了…
颱風目前漸漸減弱，急忙往自己家前進中。

有限的資源與可再生能源

現代生活不可或缺的電力能源

能源是「完成工作的動力」。發光、發熱、驅動、發出聲響，都需要能源。

我們平常使用汽油或電驅動車子，用瓦斯或電煮熱水，為了便利的生活，我們會使用各式各樣的能源。其中，電力能源使用在照明、冰箱、吸塵器、洗衣機、電視、熨斗、空調、個人電腦、智慧型手機等，儼然是現代生活不可或缺的東西。

為了得到電力能源，人類利用石油、煤、天然氣等資源發電。

現在日本的電力能源中，大約有百分之七十八來自火力發電廠。而火力發電所需的燃料來自石油、煤以及天然氣，而這些燃料中，有超過百分之九十都是仰賴國外進口。

用了也不會消失把大自然的能源變成電力

為了取得電力，日本主要是燃燒從地下挖掘的「化石燃料」，如：石油、煤、天然氣等。但是燃燒化石燃料會產生二氧化碳等「溫室效應氣體」，會給地球環境帶來不良影響。另外，化石燃料繼續挖掘下去，總有一天會用完，因為那是「有限的資源」。對於需要仰賴進口的日本而言，可以說是未來不安的隱憂。

為了解決這些問題，日本現在正在積極利用太陽能、風力等大自然能源發電。大自然能源不會有用完的一天，因此稱為「可再生能源」。如同漫畫中提到的，颱風具有很大的能量，不會產生溫室氣體，而且在日本國內就能取得。但相對的，發電量會因為季節和天候改變等等，還有諸多問題等待解決。

插圖／加藤貴夫

主要的可再生能源

①太陽光電

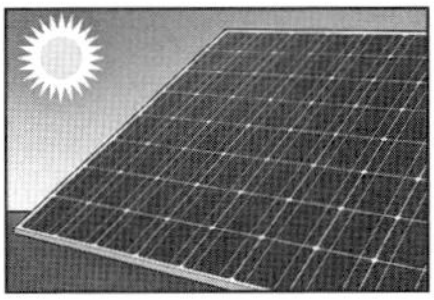

照光就會產電的「太陽能電池（太陽能板）」，利用太陽光發電。

②風力發電

藉風力帶動螺旋槳，旋轉的動力帶動發電機產生電力。

③生質燃料

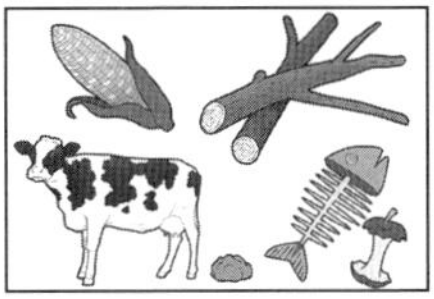

燃燒木屑、動物糞便、廚餘等，用在發電上。

④水力發電

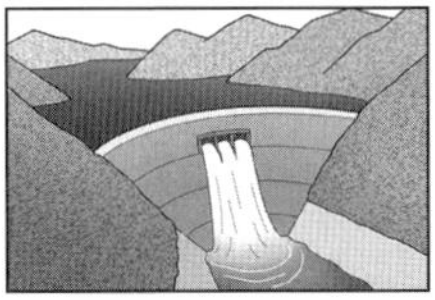

利用水由高處往低處流的力量轉動水車發電。

⑤地熱發電

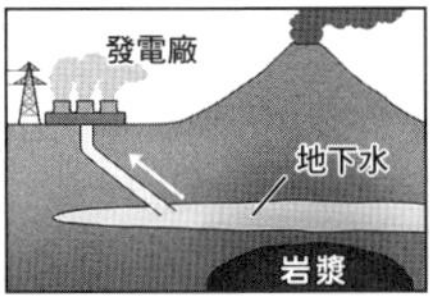

利用受岩漿加熱的地下水蒸汽轉動發電機的渦輪發電。

⑥太陽熱、雪冰熱

以集熱器收集太陽熱，可用在加熱洗澡水或暖氣。另一方面，冬天累積的雪好好保存、不融化的話，就可以當作冷氣使用，而且很節能。

日本最大的風力發電廠與地熱發電廠

可再生能源佔日本發電量的比例，在二〇一八年有將近百分之十八。目前計畫在二〇三〇年提升至百分之二十二至二十四。

日本的可再生能源主要是水力和太陽能，風力與地熱的比例較低。儘管如此，日本三重縣新青山高原風力發電所可提供一般家庭約四萬四千戶，大分縣八丁原發電廠可提供一般家庭約三萬七千戶的電力需求，規模號稱為日本最大。

影像提供／青山高原風車田

八丁原發電廠　影像提供／九州電力

影像提供／Fujisawa SST 協議會

整個村子利用可再生能源化身智慧村

日本神奈川縣藤澤市使用先進技術提高生活品質，計畫開發新都市「Fujisawa 永續智慧村（SST）」，盼望持續發展一百年。在有四個東京巨蛋那麼大的村落用地，蓋了一千戶環保住宅，採用太陽能光板與蓄電池等設備，目標是希望全村使用的能源有百分之三十以上是可再生能源。公共的「社區太陽能」（上圖）在遇到災害等狀況時，可當作緊急電源使用。

特別專欄

嚇一跳！令人意外的發電方式

日本做了許多將生活中常見的動能轉換成電能的嘗試，我們來介紹在這之中特別讓人意外的三種發電方式。

烏龍麵發電

在烏龍麵很有名的日本香川縣，利用燃燒廢棄烏龍麵產生的甲烷進行火力發電。

馬桶發電

利用馬桶沖水時的水流發電！雖然仍在實驗階段，但是期待它的電力能夠提供照明使用。

地面發電

人走在壓電材料這種素材上面，就能夠因為振動而發電。目前正在推行，也在車站驗票口等地方實驗。

插圖／加藤貴夫

遍布日本全國的小型水力發電是什麼？

日本主要的水力發電方式，一直都是利用水庫。但是近年來，能夠設置在溝渠等日常生活場所的「小型水力發電」逐漸普及中。

例如靜岡縣長泉町在流經鬧區的農業用溝渠設置了水車外型的微笑水力發電廠（見左圖）。最高功率為8 kW，平常可發電賣電，收益的一部分就當作地區發展資金使用，遇到災害時則計畫當作當地緊急電力。

影像提供／長泉町生活環境課

特別事欄

促進可再生能源發展的新技術

除了農業用溝渠之外，可再生資源的挑戰與研究正在世界各地持續進行著。這裡介紹使用透明太陽能板、使用細菌發電等最先進且獨特的新技術。

透明太陽能光電板

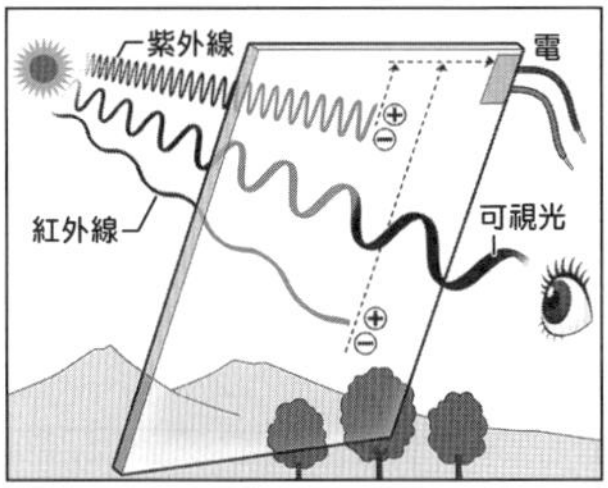

透明太陽能光電板可吸收紫外線與紅外線用來發電，但是眼睛看得到的可視光卻能夠通過，因此有機會用在建築物、車窗等處。

發電細菌

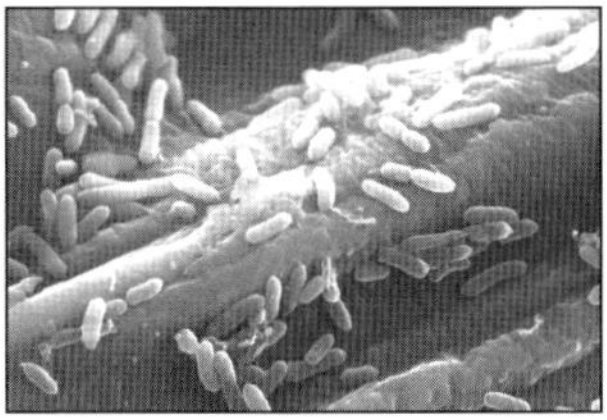

地底、海底、人類體內，發電細菌隨處都有。只要懂得利用這些細菌，或許就能找到一個半永久性能源的來源。

影像提供／National Institute for Materials Science　　插圖／加藤貴夫

島國日本正適合利用大海發電

日本的國土山多平原少，因此很難找到適合蓋大規模太陽能發電廠或風力發電廠的土地，但是可以善用四周環海的島國優點。最近利用大海發電的可能性受到矚目。

在不久的將來，離岸風力發電、海浪發電、洋流發電都有可能成為日本可再生能源的主流。這裡介紹這些發電方式的現況。

影像提供／NEDO

離岸風力發電

▲海面上比陸地上更容易持續獲得較大的風力。照片是日本國立研究開發法人新能源・產業技術綜合開發機構（NEDO）的離岸風力發電系統。

插圖／加藤貴夫

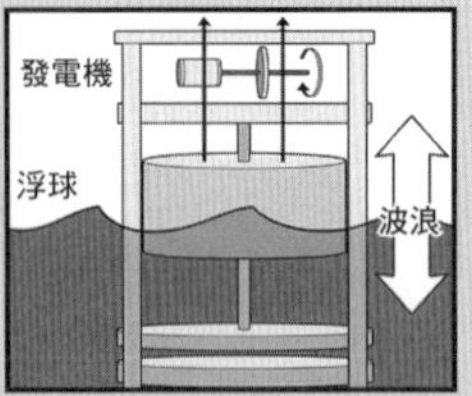

▲浮球跟著波浪上下移動的運動變成旋轉運動，傳送到發電機上發電。

影像提供／Wave Energy Technology

波浪能發電

◀波浪能發電是利用波浪的運動取得電力。左圖是 Wave Energy Technology 公司正在開發的波浪能發電設備「綠能島」成品預想圖。

影像提供／IHI、NEDO

洋流發電

◀ IHI 公司和 NEDO 開發的水中浮游式洋流發電系統概念圖。利用日本沿岸最強的洋流「黑潮」發電，就無須擔心白天、晚上或季節。

計畫要在二〇三〇年實現的太空太陽能發電

影像提供／JAXA

太空太陽能發電

現在在地表上進行的太陽能發電經常會有以下幾個問題：發電效率會因為天候影響而降低、晚上無法發電、陽光通過地表大氣層就變弱了。但是，如果在太空中進行太陽能發電，這些問題就都能解決了。

日本計畫在二〇三〇年實現這個目標，國立研究開發法人宇宙航空研究開發機構（JAXA）也在開發太空太陽能發電系統。目前的想法是，放在太空裡的太陽能板發電產生的電力，轉換成微波傳送到地面，到了地面上再轉換成電力。這樣的發電效率據說高達地面上的五到十倍。

不久的未來，社會將由AI妥善管理能源

通訊技術與AI人工智慧的發展，使得需要的資訊能夠在需要的時間內送達——這是日本企盼的未來社會模樣，稱為「Society 5.0」。

他們想像這樣的社會一旦實現，氣象衛星、發電設備、家庭等都能夠透過通訊系統與AI連線，對能源管理做出最理想的安排。

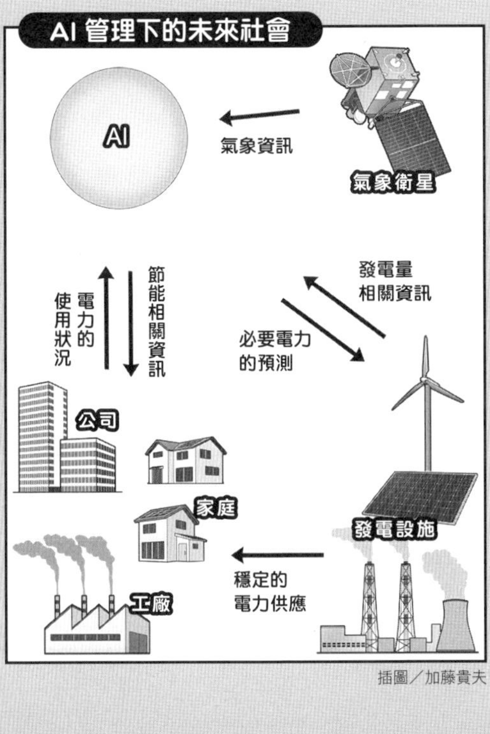
AI管理下的未來社會
AI
氣象資訊
氣象衛星
發電量相關資訊
必要電力的預測
電力的使用狀況
節能相關資訊
公司
家庭
工廠
發電設施
穩定的電力供應

插圖／加藤貴夫

後記

未來來自於創造

御茶水女子大學　科學與教育中心特聘講師

大崎章弘

出生於日本高知縣。早稻田大學理工學院機械工學系畢業，早稻田大學理工學研究所機械工學專攻修畢。二〇〇九年起擔任日本科學未來館科學傳教士，二〇一五年起擔任國立資訊學研究所內容科學研究系特聘研究員，二〇一六年起擔任御茶水女子大學科學與教育中心特聘講師。擔任一般社團法人知識流動系統研究所理事。專長是人機介面（Human Interface）、科學傳教士。目前主要在為中小學理科教育提供協助。

未來是在創意中誕生。可是誕生出的未來，真的只要創造者許願就會出現嗎？

九〇年代末期，筆者還是研究所學生時正在進行研究，突然想到「真想對著空氣畫畫」。我想要表達一進入建築物就會感受到的空間包圍感與立體物品的形狀，我想要當場抬手畫下。在幾十年後的未來一定會出現這種技術吧？一定有人從幾十年前就開始策畫了吧？想到這裡我愣了一下，馬上改變想法動手策畫。我當時想像的畫面，正好是以前曾經在照片上看過的、畫家畢卡索用光線對著空氣畫畫的模樣，或是我在電影裡看過，把舞者的身體軌跡留在半空中的ＣＧ（電腦繪圖）技術。

接著我與眾多夥伴們一起進行研究，終於實現在空氣中畫畫的想法。當中運用到本書也提過的擴

影像提供／Shutterstock

增實境（AR）技術。第一次對著空氣畫線時，我感覺自己身邊的空間改變了。我用我的手製造出四周的空間；一般人進不去畫裡，而我置身在一如往常的房間裡，進入自己描繪的世界。我的畫與我的房間重疊。我也進入其他人畫出來的世界，兩、三人一起畫出道具，抓著畫出來的道具玩耍。此時，一種我過去不曾見過、不曾有過的感受油然而生，我也對意想不到的呈現方式與過去認為理所當然的事物有了新的觀點，就像發現新大陸。原來對著空氣畫畫是這種感覺啊？原來進行研究就像在開拓未來啊？

影像提供／早稻田大學理工學術院三輪敬之研究室大崎章弘

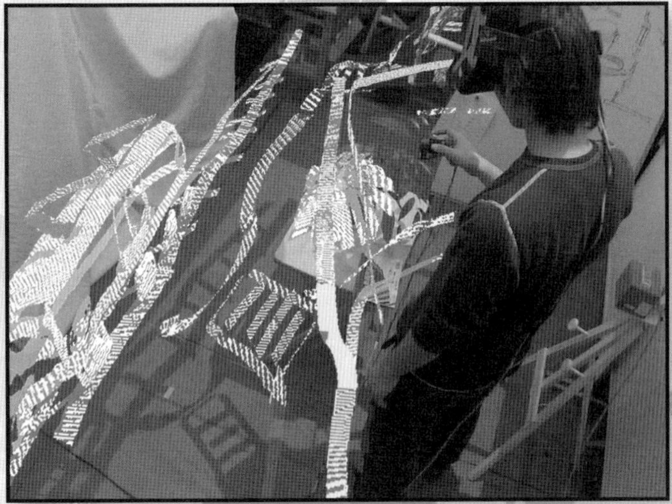

當時我發現一件事，就是人類很難畫出直線。人類的身體是以關節為中心進行活動，因此畫線時一定會把直線畫成弧線，而且眼睛看不到就畫不出來。我這才注意到我一直在自己身邊畫畫，用畫把自己包圍。也因為線條不是直線而是弧線，所以在這個空間裡到處走動，畫看起來也會不一樣。

某天，我開始找尋類似的體驗卻遲遲找不到，突然想起洞窟壁畫；因為洞窟壁畫與對著空氣畫畫一樣，是在洞窟空間的包圍下畫畫。

我因此迫不及待的獨自前往法國的拉斯科。那是我雙十年華的最後一個冬天。

我心想，在那裡是否也能找到我發現的現象？

拉斯科洞窟位在法國蒙特涅克村的安靜溪谷裡。溪谷是由多敦涅河沖削出來的，但地形卻不是險峻山地，那兒正好是類似高原的平緩丘陵，有連綿的綠色田地，一大早就有許多鴨子在叫，村莊的氣氛很悠閒。走上村郊的丘陵就會看到拉斯科洞窟二號（注：為了避免原始壁畫遭到破壞，當地模仿原洞窟打造的複製品）。可惜無法看到真正的拉斯科洞窟，不過在洞窟裡感受到的東西，與只看平面繪畫截然不同。

一般一提到壁畫，大家想到的或許都是平面繪畫，然而在忠實複製的拉斯科洞窟裡卻像是一個在雞蛋般把自己包裹住的空間。在光線照射下，洞窟內的凹凸影子突顯出四周的動物。仔細一看就會發現壁面凹凸不平且往深處彎曲；光線一照，陰影突顯了形狀，再加上線條補充，這個空間與其說是畫，其實更像是雕刻。不過也因為與對著空氣畫畫的景色有些不同，我有點失望。我經過洞窟，依依不捨回頭那瞬間，我看到畫改變了，也突然注意到一件事。

洞窟壁畫完成於沒有文字也沒有平面繪畫的時代，那是眾多動物活躍的世界，住在那個世界的人們身體的感覺一定比現在更敏銳。在那個時代，人類一開始就懂得在平面上畫畫嗎？他們有沒有可能直接複製這個空間的體驗，出去尋找更好的方法，於是走到了環繞自己的洞窟。我想起自己去過的拉斯科洞窟附近的其他洞窟。那洞窟留下許多鐘乳石，洞窟內部雖然已經復原，卻沒看到壁畫。我請教過導遊才知道洞窟裡削掉了不少地方，我覺得洞窟牆面的弧度大小，很類似對著空氣畫畫時產生的弧線。我心想，他們難道為了方便畫畫，自己動手削掉牆壁？我突然冒出一個想法，或許這些畫壁畫的人也很想嘗試對著空氣畫畫。在這瞬間，我感覺那個時代的人們想法與我產生了連結。

在人類的表達史上，洞窟壁畫之後就出現了羊皮紙和紙張，然後是繪畫與文字這些平面表現。每個現代人認為這些理所當然是在平面上表現，但卻不明白在各種呈現方式誕生的過程中，存在什麼樣

影像提供／Shutterstock

的個人想法。鍛鍊自己的感覺、追求呈現方式的探索者們，或許只想把圖像留在空間裡，卻不想被那些既有觀念束縛。到了現代，終於有各式各樣的先

拉斯科洞窟壁畫

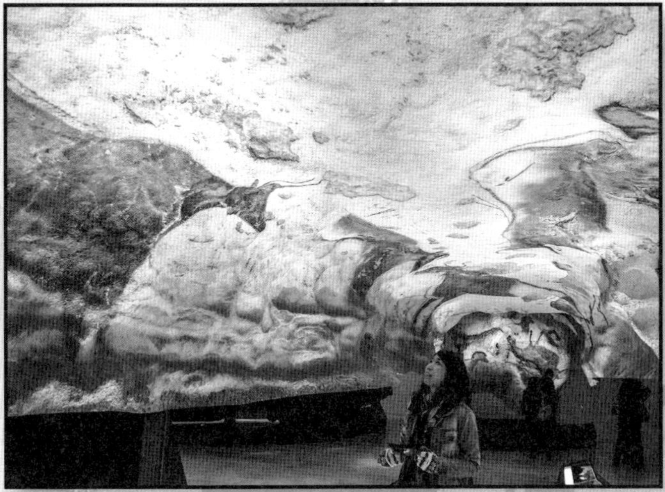

影像提供／ Shutterstock

進科技問世，人人都能夠體驗對著空氣畫畫，也可以把眼前手繪的作品透過3D列印變成立體實物。

我們在不久之前還認為在紙上繪製機械設計圖是理所當然，現在我們已經可以用電腦進行3D設計。一般認為危險、不可能實現的立體結構物也可以用3D列印機直接製作，這樣的時代已經到來。或許每個人在表面上說不可能，心裡其實都藏著無法說出口的願望與夢想，事後才逐步實現。

畫出洞窟壁畫的人已經不在這個世上。他們抱持什麼樣的願望留下那樣的壁畫呢？他們或許真的夢想過對著空氣畫畫，並且想像未來能夠實現。

未來生活對各位來說是什麼樣的生活？那是幾年後的世界？你為什麼想要那樣的生活？某個人想要改變現狀的願望，經過漫長的時間，到了實現的時候。下一個世紀就是哆啦A夢出生的時代，製作出哆啦A夢的人是什麼樣的人？他們抱持什麼樣的想法製造出哆啦A夢？或許他們自己也說不出個所以然，或許只是許多人的願望連結在一起，在多年之後經由那個人的雙手催生出來。

哆啦A夢科學任意門 20

未來生活夢想號

●漫畫／藤子・F・不二雄
●原書名／ドラえもん科学ワールド—— 未来のくらし
●日文版審訂／Fujiko Pro、大崎章弘（御茶水女子大學科學與教育中心特聘講師）
●日文版撰文／瀧田義博、窪內裕、丹羽毅、甲谷保和、芳野真彌、岡本典明、松本淨、新村德之
●日文版版面設計／bi-rize　●日文版封面設計／有泉勝一（Timemachine）
●日文版編輯／菊池徹

●翻譯／黃薇嬪
●台灣版審訂／張俊彥

發行人／王榮文
出版發行／遠流出版事業股份有限公司
地址：104005 台北市中山北路一段 11 號 13 樓
電話：(02)2571-0297　傳真：(02)2571-0197　郵撥：0189456-1
著作權顧問／蕭雄淋律師

【參考文獻】

《支援 IoT 的技術》（菊地正典 /SB creative）、《機器人解剖新書》（神崎洋治 /SB creative）、《IoT 是什麼？》（坂村健 / 角川新書）、《新世代超級電腦「EXA」改變日本！》（辛木哲夫 / 小學館新書）、《了解未來的基因組醫學 從基因的基礎到分子標靶藥物及個人化醫療》（中村祐輔 / 羊土社）、《透過漫畫了解基因組醫學：知道什麼是基因組，幫助健康與醫療！》（水島 - 菅野純子 SAKIMAIKO/ 羊土社）、《為什麼會有「癌症」 從這個機制到基因組醫學》（國立癌症研究中心研究所 / 講談社）、《遺傳和基因組 遺傳可以決定多少「個性」？遺傳的基本到個人化醫療、基因組編輯為止》（牛頓出版社）、《探索生命的不可思議！生命科學的大研究 從基因到 Ips 細胞、生死觀為止》（田沼靖一 /PHP 研究所）、《基因組創藥科學》（田沼靖一 / 裳華房）、《理科年表 2019》（國立天文台 / 丸善出版）、《知道嗎？日本的食物狀況》（農林水產省）、《世界的統計 2019》（總務省統計局）、《徹底友善生物塑料的書》（日本生物塑料協會 / 日刊工業新聞社）、《機能性塑膠的基本》（桑嶋幹、久保敬次 / SB creative）、《奈米科學圖鑑：可以看到未來的小世界》(Peter Forbes，Tom Grimsey/ 河出書房新社）、《徹底友善奈米科技之書》（大泊巖 / 日刊工業新聞社）、《圖解入門：了解奈米科技的基本組成》（水谷亘 / 秀和 System)、《自家發電奈米機器》(Z.L.Wang/ 日經 Science)

2020 年 12 月 1 日 初版一刷　2024 年 4 月 1 日 二版一刷
定價／新台幣 350 元（缺頁或破損的書，請寄回更換）

ISBN 978-626-361-498-7
YLib 遠流博識網 http://www.ylib.com　E-mail:ylib@ylib.com

◎日本小學館正式授權台灣中文版
●發行所／台灣小學館股份有限公司
●總經理／齋藤滿
●產品經理／黃馨瑝
●責任編輯／李宗幸
●美術編輯／蘇彩金

國家圖書館出版品預行編目 (CIP) 資料

未來生活夢想號 / 藤子・F・不二雄漫畫；日本小學館編輯撰文；黃薇嬪翻譯. -- 二版. -- 台北市：遠流出版事業股份有限公司，2024.4
面；　公分. --（哆啦 A 夢科學任意門；20）

譯自：ドラえもん科学ワールド：未来のくらし
ISBN 978-626-361-498-7（平裝）

1.CST: 科學技術　2.CST: 漫畫

400　　113000963

※本書為 2020 年日本小學館出版的《未來のくらし》台灣中文版，在台灣經重新審閱、編輯後發行，因此少部分內容與日文版不同，特此聲明。